全国中等职业技术学校电子类专业教材

电热电动器具原理与维修

人力资源社会保障部教材办公室组织编写

中国劳动社会保障出版社

简　介

本书分为电热器具原理与维修和电动器具原理与维修两个项目，项目一为电饭锅、电热取暖器、电热淋浴器、电热饮水机、微波炉的原理与维修；项目二为电风扇、抽油烟机、吸尘器、电动自行车、双桶洗衣机、美容保健电动器具的原理与维修。

本书由刘进峰主编，袁成群任副主编，宋玉明、王燕、李建军参与编写，赵新生审稿。

图书在版编目（CIP）数据

电热电动器具原理与维修 / 人力资源社会保障部教材办公室组织编写 . -- 北京：中国劳动社会保障出版社，2020

全国中等职业技术学校电子类专业教材

ISBN 978-7-5167-4237-2

Ⅰ. ①电…　Ⅱ. ①人…　Ⅲ. ①日用电气器具 – 理论 – 中等专业学校 – 教材②日用电气器具 – 维修 – 中等专业学校 – 教材　Ⅳ. ①TM925

中国版本图书馆 CIP 数据核字（2020）第 012420 号

中国劳动社会保障出版社出版发行

（北京市惠新东街 1 号　邮政编码：100029）

*

北京谊兴印刷有限公司印刷装订　　新华书店经销

787 毫米 × 1092 毫米　16 开本　11.75 印张　232 千字

2020 年 3 月第 1 版　　2025 年 1 月第 5 次印刷

定价：23.00 元

营销中心电话：400-606-6496

出版社网址：http://www.class.com.cn

http://jg.class.com.cn

前 言

为了更好地适应全国中等职业技术学校电子类专业的教学要求，全面提升教学质量，人力资源社会保障部教材办公室组织有关学校的骨干教师和行业、企业专家，对全国中等职业技术学校电子类专业教材进行了修订和补充开发。此项工作以人力资源社会保障部颁布的《技工院校电子类通用专业课教学大纲（2016）》《技工院校电子技术应用专业教学计划和教学大纲（2016）》《技工院校音像电子设备应用与维修专业教学计划和教学大纲（2016）》《技工院校通信终端设备制造与维修专业教学计划和教学大纲（2016）》为依据，充分调研了企业生产和学校教学情况，广泛听取了教师对现行教材使用情况的反馈意见，吸收和借鉴了各地职业技术院校教学改革的成功经验。

教材体系

使用对象

电子技术应用专业、音像电子设备应用与维修专业、通信终端设备制造与维修专业中级、高级两个层次和以下 3 种学制：

- 初中毕业生 3 年学制培养中级工
- 高中毕业生 3 年学制培养高级工（中级阶段）
- 初中毕业生 5 年学制培养高级工（中级阶段）

编写特色

◆ **紧贴国家职业标准** 紧密贴合《中华人民共和国职业分类大典（2015 年版）》中对广电和通信设备电子装接工、广电和通信设备调试工、家用电器产品维修工、家用电子产品维修工等职业的职业能力要求，同时参照相关国家职业标准。

◆ **体现行业技术发展** 根据电子行业的最新发展，在教材中充实了电子产品表面贴装、数字电视维修、智能手机维修等方面的新技术，体现教材的先进性。

◆ **注重职业能力培养** 根据就业岗位对技能型人才所需能力的要求，进一步加强实践性教学内容。同时，在教材中突出对学生获取信息、与人交流、分析解决问题以及自学等职业能力的培养。

◆ **符合学生阅读习惯** 在教材内容的呈现形式上，尽可能使用图片、实物照片和表格等形式将知识点生动地展示出来，力求让学生更直观地理解和掌握所学内容。

教学服务

本套教材配有方便教师上课使用的电子课件，部分教材还配有习题册，电子课件等教学资源可通过技工教育网（http://jg.class.com.cn）下载。此外，针对教材中的重点、难点还制作了动画、视频等多媒体素材，使用移动终端扫描书中相应位置处的二维码即可在线观看。

致谢

本次教材的修订工作得到了江苏、山东、河南、湖北、广东、广西、四川等省（自治区）人力资源社会保障厅及有关学校的大力支持，在此我们表示诚挚的谢意。

人力资源社会保障部教材办公室

2017 年 6 月

目　录

项目一　电热器具原理与维修

任务1　电饭锅原理与维修

学习目标

知识目标

1. 了解电热器具的类型与基本结构。
2. 了解电饭锅的主要技术指标及结构。
3. 理解电饭锅的加热及控温原理。
4. 掌握电子产品维修常用方法。

能力目标

1. 能正确拆装电饭锅。
2. 能识别电饭锅的主要器件并判断其好坏。
3. 能排除电饭锅的常见故障。

任务引入

随着人们生活水平的不断提高，清洁安全、使用方便的电热器具越来越多地进入家庭。电热器具的品类繁多、功能齐全，每年都会有新产品面世，不断充实着人们的物质生活。

电饭锅又称电饭煲，它是现代家庭生活中必不可少的电热器具。其工作过程分为五步：吸水过程、旺火过程、维持沸腾过程、停止升温过程、焖饭过程。在各式各样的电饭锅中，使用最多的是采用直接加热方式、整体结构的自动保温式电饭锅。如图1—1—1所示是常见电饭锅的外形图。

本任务首先介绍常见电热器具的类型和结构。然后重点介绍电饭锅的结构及原理，并通过拆装自动保温式电饭锅，熟悉电饭锅的结构及主要器件，了解其工作原理及典型电路。最后运用常用检修工具进行电饭锅电热盘、温控器、磁钢限温器等主要部件的检测，并从故障现象出发，分析故障原因，掌握排除电饭锅常见故障的方法。

自动保温式电饭锅

压力式电饭锅

智能控制式电饭锅

图 1—1—1　常见电饭锅的外形图

知识准备

一、电热器具的类型与基本结构

1. 电热器具的类型

电热器具是将电能转变为热能的器具，常见的电热器具（加热管）如图 1—1—2 所示。

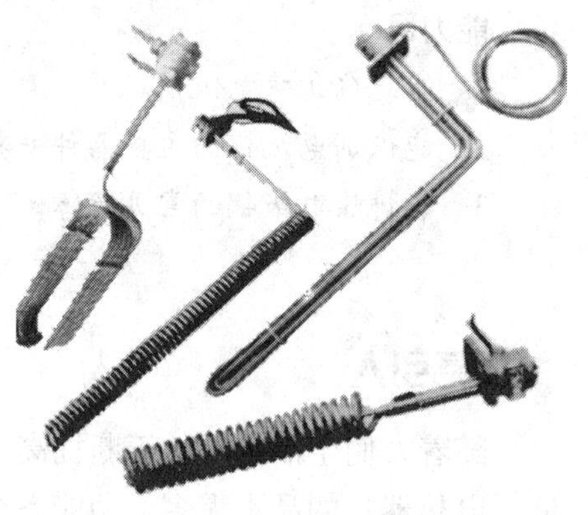
图 1—1—2　常见的电热器具（加热管）

（1）电热器具的分类

1）按用途分为电热炊具、电热水器、电热取暖器、电热清洁器等。

2）按电热转换方式分为电阻式电热器具、红外式电热器具、感应式电热器具和微波式电热器具等。

（2）常见电热器具举例

1）电阻式电热器具。由焦耳—楞次定律可知，电流通过具有一定电阻的导体时，导体就会发热。利用电阻发热原理制成的电热器具称为电阻式电热器具，如电饭锅、电热毯、电炉、电烤箱等。

2）红外式电热器具。红外式电热器具通过加热激励某些红外线辐射物质，利用这些物质辐射出红外线来加热物体。它的特点是热效率高，常见的红外式电热器具有红外式取暖炉、红外式电烤箱等。

3）感应式电热器具。若将导体置于交变磁场中，其内部将产生感应电流（涡流），涡流在导体内部克服内阻流动将产生热量。利用涡流产生热量的电热器具称为感应式电热器具，它的特点是安全性好、热效率高，其典型产品为电磁灶。

4）微波式电热器具。微波式电热器具的工作原理是当微波照射到极性介质时（如水），其内部分子会加速运动而发热。微波炉是目前微波式电热器具中应用最为广泛和完善的产品，其优点是热量散布均匀，热效率高。微波式电热器具最常见的微波频率有

915 MHz 和 2 450 MHz 两种。

2. 电热器具的基本结构

尽管家用电热器具的类别各异，但其基本结构区别不大。家用电热器具主要由发热部件、温控部件、安全保护装置等组成。

（1）发热部件

发热部件的主要功能是将电能转换为热能。它由各类电热元器件构成，常见的电热元器件有电热丝、电阻发热体、红外线灯、管状红外线辐射元器件、半导体加热器（PTC 电热元器件）等。

（2）温控部件

温控部件的主要功能是控制发热部件的发热程度，使电热器具所发出的热量符合要求。具体地讲，温控部件能够使电热器具具有调节温度的能力。常用的温控部件有双金属式恒温控制器和磁控式温度调节器。近年来，随着科学技术的发展，PTC 温控部件、电子温控部件及电脑温控部件也已经被广泛使用。

（3）安全保护装置

安全保护装置的功能是当电热器具发热温度超过正常范围时，能自动切断电源，防止电热器具过热，确保安全。常用的安全保护装置有温度熔丝、热继电器等。

二、电饭锅的主要技术指标与结构

1. 电饭锅主要技术指标

（1）电气绝缘性能

要求在冷态 1 500 V、热态 1 000 V 50 Hz 交流电情况下，历时 1 min 耐压实验，电饭锅的带电部分与金属壳间不发生击穿，其热态绝缘电阻大于 1 MΩ。

要求在温度（40 ± 2）℃，相对湿度 95% ± 3% 的恒温恒湿箱内，在不凝露的条件下，48 h 后其潮态绝缘电阻不低于 0.5 MΩ，潮态耐压 1 000 V/min 不发生击穿（泄漏电流小于 1 mA）。接地端至金属壳间的电阻应小于 0.2 Ω。

（2）温控准确性

一般要求温度在（103 ± 2）℃时，温控元件使电路断电；而温度降至（65 ± 5）℃时，温控元件起保温作用。

（3）热效率

要求在其周围环境温度为（23 ± 5）℃时，电饭锅的热效率一般不低于 70%。

2. 电饭锅的结构

自动保温式电饭锅主要由外壳、内锅、电热盘、磁钢限温器、双金属片温控器、杠杆开关、超温熔断器、指示灯、插座等组成，其结构如图 1—1—3 所示，其元器件分布如图 1—1—4 所示。

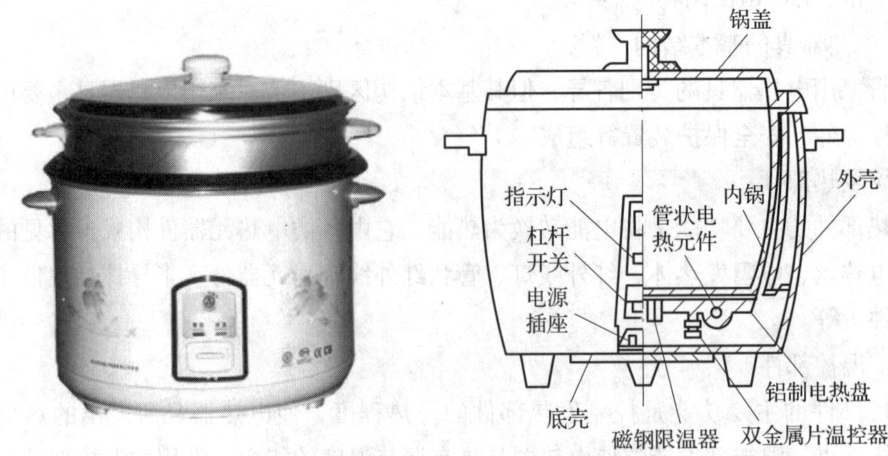

图 1—1—3　自动保温式电饭锅的结构

图 1—1—4　自动保温式电饭锅元器件的分布

①—外锅固定螺母　②—煮饭开关接线柱　③—电热盘接线柱　④—电热盘　⑤—超温熔断器

⑥—保温电热盘　⑦—杠杆开关总成固定螺母　⑧—杠杆开关触点　⑨—杠杆开关杠杆　⑩—磁钢限温器

（1）外壳

外壳又称锅体，是由 0.6 ~ 1.2 mm 薄钢板拉伸成形，外表面采用静电喷漆、电镀、烧瓷等工艺方法处理。外壳除具有装饰保护作用外，还是安装电热盘、温控器、内锅、按键开关、电源插座的支承机构，外壳与内锅之间有一定的空隙，利用这层空气做保温层。

（2）内锅

内锅又称内胆，是用来盛放食物的容器。它由 0.8 ~ 1.5 mm 厚的铝板一次冲压成形，再经过电化学处理，表面形成氧化铝保护膜，使之美观耐用。内锅底部制成球形凹面与电热盘紧密接触，提高热效率；内锅的锅口边缘向外翻卷，既能增加强度，又可以防止溢出的米汤流入锅的内部；内锅的上面有锅盖。有的电饭锅的锅盖中央有一块玻璃，以便观察锅内情况。

（3）电热盘

图 1—1—5　电热盘的结构

电热盘是电饭锅的主要发热元器件，又称加热器，其结构如图 1—1—5 所示。它是给内胆加热煮熟食物的发热源，给内胆底部加热的电热盘称为主电热盘，给内胆侧面加热的电热盘称为侧电热盘；放置于顶盖内的电热盘称为保温电热盘。电热盘一般采用管状电热元器件浇铸铝合金制成，具有足够的强度和良好的导热性能。

（4）磁钢限温器

磁钢限温器（见图 1—1—6a）的作用是当电饭锅内的饭达到煮熟温度时，使电路自动断开。它主要由感温磁钢（感温磁体）、弹簧、永磁体、杠杆和按键开关等组成，其结构如图 1—1—6b 所示。其中，感温磁钢是采用镍锌铁氧体制成的，其磁性随温度而变化。在锅内的温度不超 100℃时，感温磁钢与永磁体保持闭合，开关触点闭合，电流通过电加热器进行加热。当锅底温度超过感温磁钢的居里点温度（是指磁性材料中自发磁化强度降到零时的温度，感温磁钢的居里点温度是 103 ± 2℃）时，紧贴内锅底的感温磁钢失去磁性，变成非磁性材料。此时，永磁体不能再吸合感温磁钢，弹簧弹开，动片向下移动，致使开关触点断开，电路断电，停止加热，起到自动限温的作用。此后，随着温度下降，感温磁钢虽然也逐渐恢复磁性，但因其和永磁体相距较远且有弹簧弹力和永磁体自身重力的作用，两者间的吸引力不足以使它们恢复到吸合状态，因此，两触点在未按杠杆开关之前将一直保持分离状态。

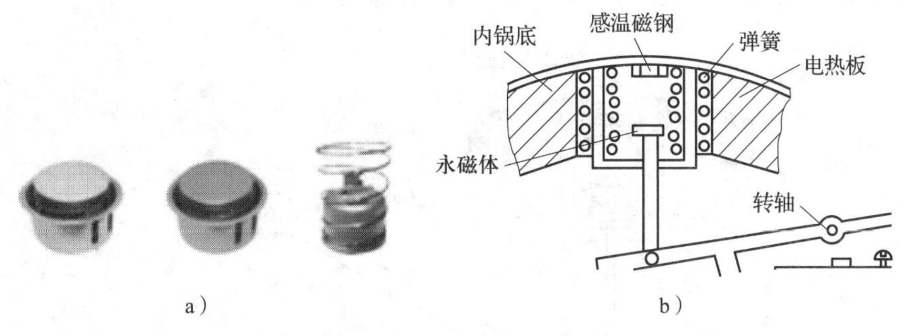

图 1—1—6　磁钢限温器
a）实物　b）结构

（5）双金属片温控器

双金属片温控器又称恒温器、限温器，它由弹簧片、静触点、动触点、双金属片、支架等组成，如图 1—1—7 所示。

a）

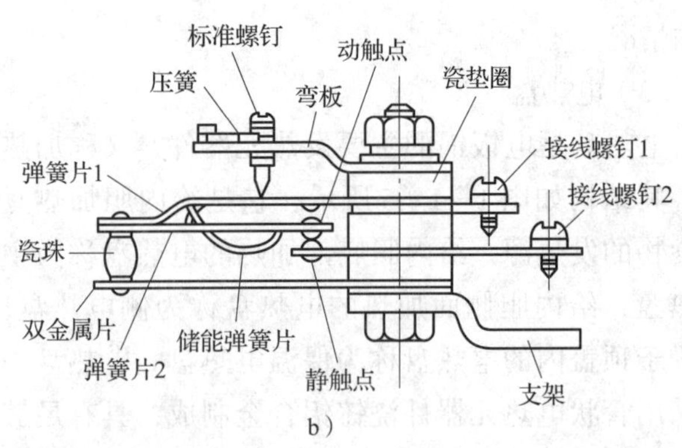

b）

图 1—1—7　双金属片温控器

a）实物　b）结构

当饭煮熟后，磁钢限温器将电饭锅电源切断且不能复位，想要饭煮熟后自动保温，可在磁钢限温器上并联一个双金属片温控器，它是由两种热膨胀系数不同的材料经轧制而成的开关，如图 1—1—7b 所示。在常温状态下，双金属片处于平直状态，随着温度的不断升高，两层热膨胀系数不同的材料发生热膨胀的长度不同，热膨胀系数大的金属被热膨胀系数小的金属拉成弯曲状，温度越高，弯度越大，当达到一定温度时，弯曲点带动触点分离，达到断开电源的目的。当温度下降时，双金属片又逐渐恢复原来状态，触点再度闭合。如此反复工作，起到保温的作用。通常温控器能使电饭锅的温度维持在 65 ± 5℃左右。

（6）杠杆开关

杠杆开关是一个机械机构，它有一个常开触点，如图 1—1—8 所示。煮饭时，按下此开关，电热盘接通电源，同时加热指示灯点亮。饭煮好时，磁钢限温器弹下，带动杠杆开关，使触点断开。此后，电热盘仅受双金属片温控器控制。

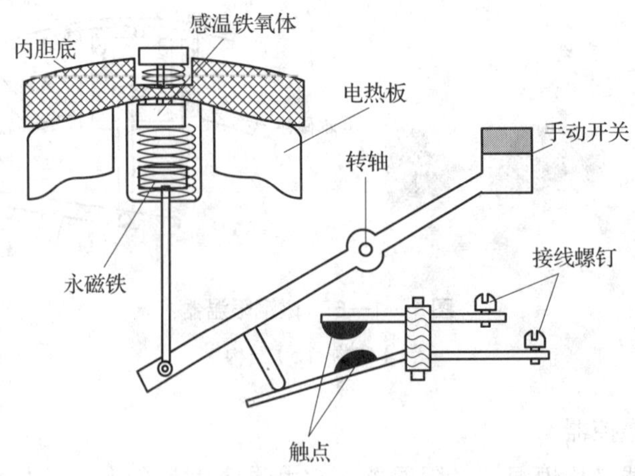

图 1—1—8　杠杆开关的结构

（7）其他部件

电饭锅其他部件及其作用见表 1—1—1。

表 1—1—1　　电饭锅其他部件及其作用

名称	作用
提手	一般为塑料组件，用于提起锅盖或整个电饭锅
锅盖	减少锅内热量的散失
支脚	用于支承锅体，使锅体离开灶台一定高度，增大空气流通量，保证散热效果，防止火灾的发生
电源插头	用于连接交流电源，为了防止触电，电饭锅的电源插头一般采用三线插头，其中一根接地线与锅体相连
保温指示灯	该灯亮起，代表电饭锅处于保温状态
煮饭指示灯	该灯亮起，代表电饭锅处于煮饭状态

三、电饭锅电路原理分析

开始煮饭时，用手压下开关，永磁体与感温磁钢相吸，手松开后，开关不再恢复到初始状态，则触点接通，电热盘通电加热。水沸腾后，由于锅内保持 100℃不变，故感温磁钢仍与永磁体相吸，继续加热，直到饭熟后，水分被大米吸收，锅底温度升高，当温度升至居里点温度（103±2℃）时，感温磁钢失去磁性，在弹簧作用下，永磁体被弹开，触点分离，切断电源，从而停止加热。如果用电饭锅烧水，在水沸腾后因为水温保持在 100℃，故不能自动断电，只有水烧干后，温度升高到居里点温度，才能自动断电。

1. 煮饭过程

220 V 交流电一端经熔丝 FU（10~51 A）加在加热器一端，另一端经限温器（感温磁钢）加在加热器的另一端，加热器通电发热煮饭，如图 1—1—9 中箭头所示。同时，220 V 交流电经限流电阻 R1 加在加热指示灯 HL1 两端，使加热指示灯点亮。

2. 保温过程

当饭煮熟后，限温器（感温磁钢）断开，此时 220 V 交流电经过加热器加在保温器两端，维持保温（保温器电阻远大于加热器内阻）。同时，220 V 交流电经限流电阻 R2 加在保温指示灯 HL2 上，指示保温状态。保温电路原理图如图 1—1—10 所示。

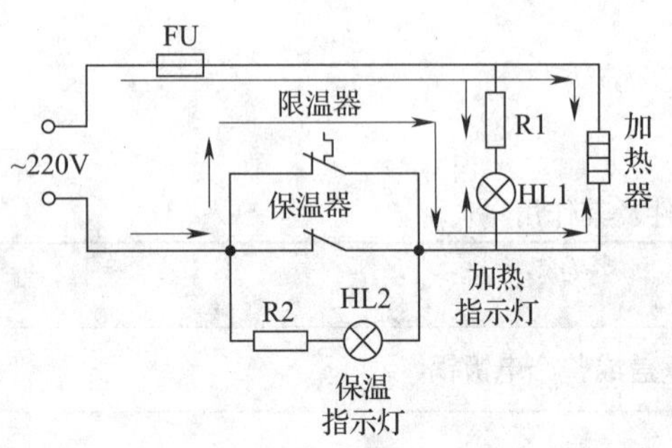

图 1—1—9　电饭锅煮饭电路原理图

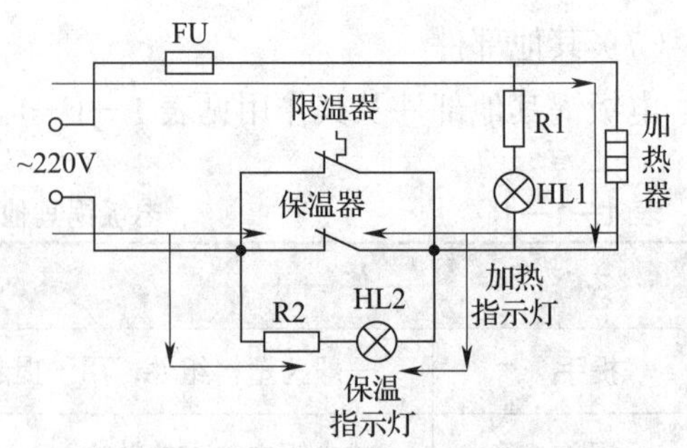

图 1—1—10　电饭锅保温电路原理图

四、电子产品维修常用方法

1. 直观检查法

（1）眼看

1）查看电气元器件表面是否有烧焦、熔断、起泡、变形、变色、霉锈等痕迹，若有则为“故障元器件”。

2）查看电器的内部连线，检查接插件有无松动、脱落或接触不良。

3）查看印制电路板有无断裂，焊点有无虚焊、搭焊（短路），有时还需借助放大镜进行查找。

（2）手摸

1）将家用电器开机数分钟后，拔下电源插头，用手触摸怀疑存在故障的电气元器件，判断其是否过热，从而确定故障部位。

2）用手轻摇各电气元器件的连线、接插件，观察故障现象。

（3）耳听

1）将家用电器开机后仔细听有无“嗞嗞”的放电声、交流声，转动电位器仔细听有无接触不良的“喀啦”声。

2）对于有机械传动的设备，可以听一听有无异常的机械撞击声。

（4）询问

对于出故障的电热电动器具，不要急于拆开检修，而是要先询问用户，了解故障情况及其故障产生的原因。如故障现象是突然发生的，还是逐渐恶化形成的；是有规律的还是随机的；有无冒烟和异常气味；故障发生时电源电压有无变化；是否修理、更换或调整过元器件。有时依据这些情况就可以分析出故障原因，判明故障范围。

2. 电压测量法

电压测量法就是用万用表测量电路中某些关键工作点上的电压值，根据该点上电压值是否正常来判断或查找电路故障的方法，又称为电压判别法。电压测量法可以说是检修各种电器最常用、最简捷、最有效的方法之一。

3. 电流测量法

电流测量法就是利用万用表测量整机和各支路的电流，根据测量结果是否正常来判断故障所在部位的方法。通常，测量电流时可以直接把万用表串联在电气回路中进行测量，有时也可以通过测量电路两端电压再计算出电流值，进而判断电路是否正常。用电流测量法检修电热电动器具，往往比其他检修方法更能定量反映出电路的工作状态。

提示

用电流测量法检修电热电动器具时，应注意以下几点：

（1）测量前要考虑所用万用表电流挡的内阻，一般应小于被测电路内阻的1/10，以免因内阻过大影响测量结果的准确性。

（2）为防止被测电流过大损坏仪器，应在测量回路中接入假负载。

4. 电阻测量法

用万用表测量电路中电气元器件的电阻，根据测得的电阻是否正确查找电路中发生故障的部位，称为电阻测量法，又称为电阻判别法。通常电阻测量法分为在线测量和不在线测量两种，前者是在电路板上直接测量元器件，后者是把元器件从电路板上拆下来进行测量。

电阻测量法作为电压、电流测量等诊断方法的补充，是检修各类电器故障的一种常用方法。例如，在检修比较复杂的电路时，仅用电压测量法往往无法判定某一电气元器件的好坏，这时就需要用电阻测量法同时检查来判定情况。特别是已经确定故障在一定范围内，需要最后验证电气元器件好坏时，主要依靠电阻测量法。

提示

用电阻测量法检修电热电动器具时，应注意以下几点：

（1）要先断电再测量。测量电容前，要先放电再测量，以免损坏万用表。

（2）不同型号的万用表有不同的内阻并使用不同的电池电压，因而会有不同的测量结果，要注意分析测量结果的准确性。

（3）因电路中各元器件常有并联因素存在，往往使实际测量值偏小，这时应拆开元器件的一端引线再测量，即采用不在线测量。

5. 短路判别法

短路判别法是用导线或其他元器件人为地将电路中某一点与地短路，再根据故障现象是否变化来查找故障原因的方法。

任务实施

一、器材准备

万用表、兆欧表、旋具、尖嘴钳、活扳手、电烙铁、电饭锅等。

二、实施过程

活动 1　电饭锅的拆装

自动保温式电饭锅的主要元器件分布如图 1—1—11 所示。电饭锅的拆装步骤如下：

1. 取出内锅，把电饭锅翻转，旋下三个底脚螺钉，取下底板。

2. 观察并认知电热盘、限温器和温控器等。对照电路图，记下各零部件之间的连接方法，然后将各接点分离。

3. 拆下电热盘，然后拆下固定在电热盘上的双金属片温控器和热熔式超温熔断器（即熔丝）。

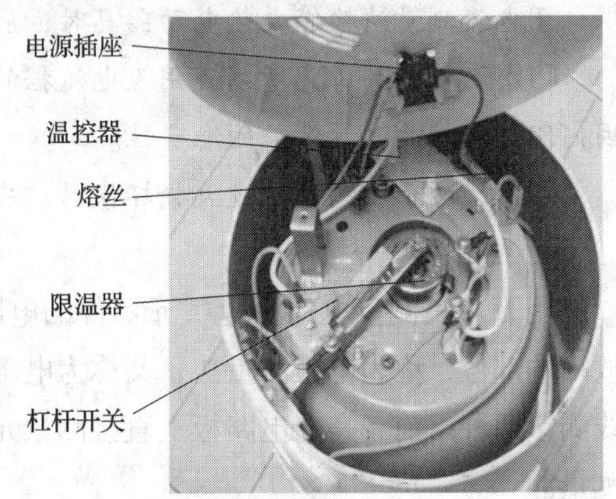

图 1—1—11　自动保温式电饭锅主要元器件分布

4. 用尖嘴钳将磁钢限温器连杆端部与杠杆分离。

5. 拆下固定在电热盘中间的磁钢限温器。

6. 拆下固定在电饭锅外壳上的控制板。

7. 按与 1 ~ 6 相反的步骤，组装好电饭锅。

知识链接

剪切工具主要用于剪断导线、元器件引脚、金属丝等，常用的有斜口钳、剪刀、尖嘴钳等。

（1）斜口钳（见图 1—1—12）

斜口钳也称偏口钳，钳口有刃口，端部呈圆形，专用于剪切导线和元器件的过长引脚，还可以代替一般剪刀剪切套管、尼龙扎线等。注意：斜口钳不能用来剪切硬的或粗的金属丝，否则会损坏刀口。

（2）剪刀（见图 1—1—13）

剪刀主要用于剪断塑料套管、金属丝、细导线等，使用方法同日常用的剪刀。

（3）尖嘴钳（见图 1—1—14）

可使用尖嘴钳的刃口部分剪断金属丝，或用它的钳口前部夹持导线、元器件，还可以用于将元器件引脚、单股导线弯成一定的圆弧形状，适宜在较小的空间操作。

图 1—1—12　斜口钳　　图 1—1—13　剪刀　　图 1—1—14　尖嘴钳

活动 2　电饭锅零部件的检测及更换

1. 电热盘的检测

电热盘是电饭锅的发热元器件。一般用 $R\times10\ \Omega$ 挡测量两个引出线之间的电阻，正常为几十欧。用 500 V 兆欧表测量电热盘引出线与外壳的绝缘电阻，正常时应大于 2 MΩ。检测电热盘，并将具体测量结果记录在表 1—1—2 中。

表 1—1—2　　测量结果

测量部件	测量内容及数据			
电热盘	电热盘电阻	万用表挡位	测量值 /Ω	理论值
				几十欧
	电热盘绝缘电阻	兆欧表型号	测量值 /Ω	理论值
				>2 MΩ

提示

兆欧表俗称摇表，如图 1—1—15 所示，兆欧表的输出电压分为很多级，家用电器维修中常用的是输出电压 500 V 的兆欧表。

用兆欧表测量电热盘绝缘电阻的方法及注意事项如下：

（1）将兆欧表水平放置，并远离外界强磁场。

（2）自然状态下，兆欧表指针停止的位置不确定，无法判定其好坏，必须先做“开路”实验，即在接线柱未接导线前，用手摇动发电手柄，兆欧表的指针应能摆动到∞处。再做“短路”实验，将兆欧表的红、黑两根连接线与线路接线柱 L、接地接线柱 E 相连，并将两根连接线的鳄鱼夹相接，用手摇动一下发电摇柄，指针应能回到 0 的位置，这样才说明兆欧表的功能正常，否则说明兆欧表已损坏。

（3）将两支鳄鱼夹分离，黑色的鳄鱼夹夹住电热盘的外壳，红色的鳄鱼夹夹住电热盘的引出线，用手顺时针摇动发电手柄，速度由慢逐渐到快，最后稳定于 120 r/min，读取表针的读数，此数即为电热盘的绝缘电阻。

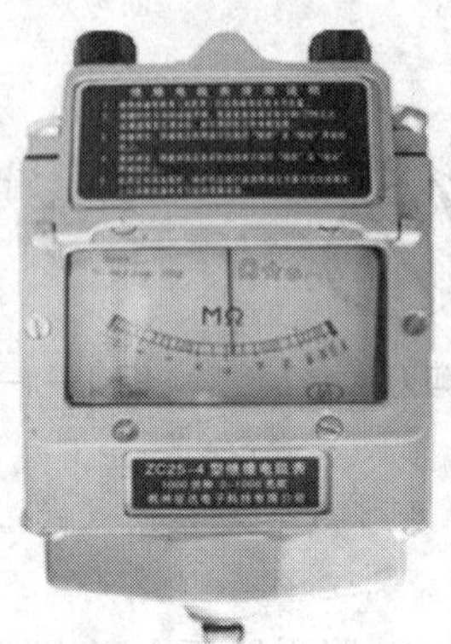

图 1—1—15　兆欧表

（4）测量前必须保证待测电气设备处于断电状态，如果有电容器还必须对其进行放电处理后，才可以进行测量。

2. 双金属片温控器的检测

双金属片温控器类似于开关，所以可用万用表电阻挡检测。触点闭合时电阻值为 0，然后用手轻轻扳动双金属片，检查动、静触点能否分离，同时观察触点有无烧焦、氧化的痕迹，如有，则用细砂布轻轻磨去；断开时电阻值应为无穷大。要检测双金属片温控器是否会随温度变化而动作，可对它进行加热后观察。正常时，当温度升到 70℃左右时，双金属片会因变形而使它的触点断开。如温度升得很高后，触点仍不能断开，则表明该双金属片温控器已损坏，应予更换。检测双金属片温控器，并将具体测量结果记录在表 1—1—3 中。

表 1—1—3　　测量结果

测量部件	测量内容及数据			
双金属片温控器	双金属片温控器触点	触点闭合时的阻值 /Ω	触点断开时的阻值 /Ω	70℃左右时触点能否断开

3. 磁钢限温器的检测

首先用万用表测量磁钢限温器的两触点间的阻值，闭合时应为 0，断开时应为无穷大。然后用手使永磁体与感温磁钢接触，检查它们能否可靠吸合，稍微用力拉后能否分离，检查磁钢限温器内的弹簧弹性是否良好。最后检测磁钢限温器是否会随温度的变化而动作（可参照双金属片温控器的检测方法），如加热温度升高到 103℃以上，磁钢限温器无动作，则表明该限温器已失效，需更换。检测磁钢限温器，并将具体测量结果记录在表 1—1—4 中。

表 1—1—4　　测量结果

测量部件	测量内容及数据			
磁钢限温器	磁钢限温器触点	触点闭合阻值 /Ω	触点断开阻值 /Ω	103℃以上触点动作情况

4. 更换电饭锅内部零部件

若经检测发现电饭锅的内部零器件已损坏，则需要将其更换才能排除故障。下面以更换熔断器和电热盘为例介绍更换电饭锅内部零部件的方法。

（1）拆卸底板固定螺钉，如图 1—1—16a 所示，将底座打开可看见其内部结构，如图 1—1—16b 所示。

a）

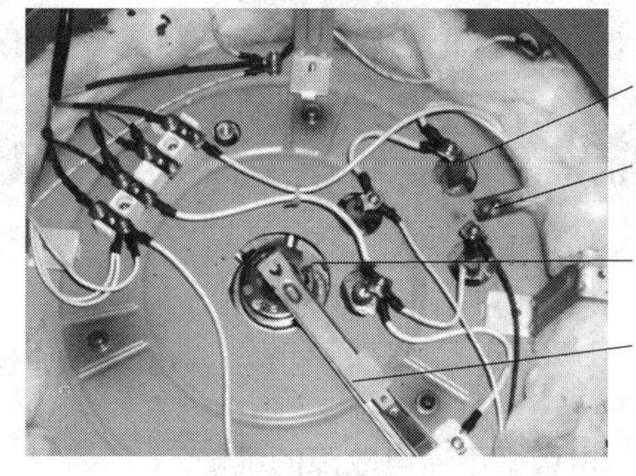

b）

图 1—1—16　拆卸底板固定螺钉

（2）更换电饭锅熔断器

1）如图 1—1—17a 所示，将万用表量程放在电阻挡，表笔跨接在熔断器两端，正常值为 0，故障值为无穷大。

2）找出熔断器位置，将固定螺钉松开后，更换新熔断器，如图 1—1—17b 所示。切记严禁将熔断器进行短接。

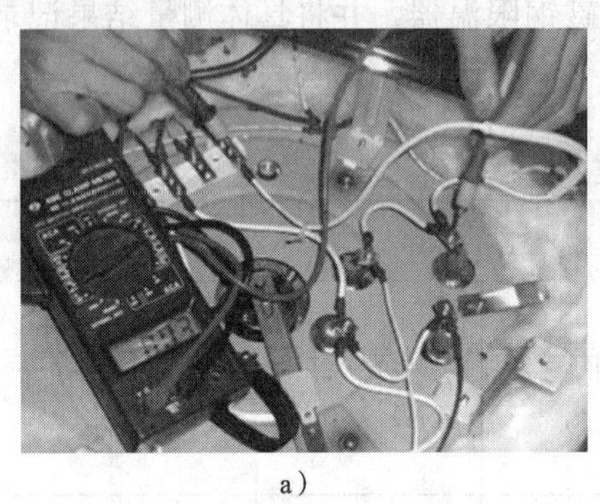

a）

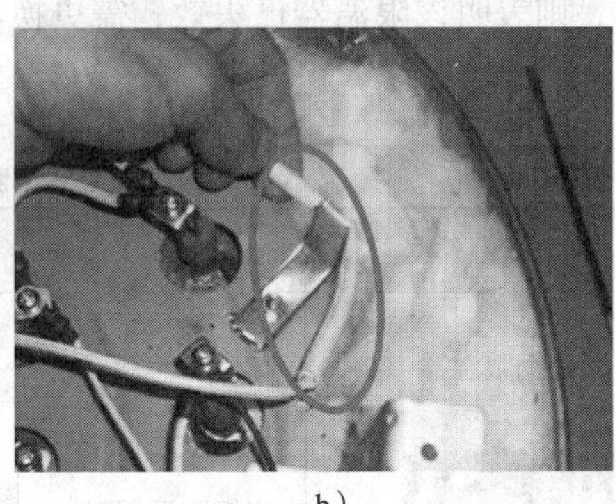

b）

图 1—1—17　更换电饭锅熔断器

（3）更换电饭锅电热盘

1）将电热盘加热管的连接线用十字旋具拆除，并将连接线做好记号，如图 1—1—18a 所示。

2）松开电热盘固定螺钉，如图 1—1—18b 所示，更换新的电热盘。注意松开螺钉前需用手扶住电热盘，以免电热盘掉下。

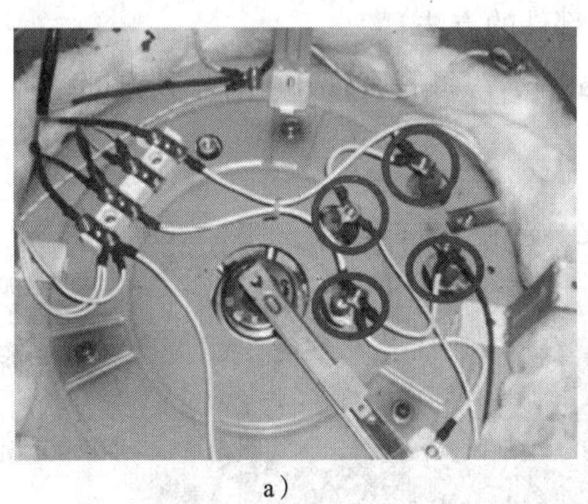

a）

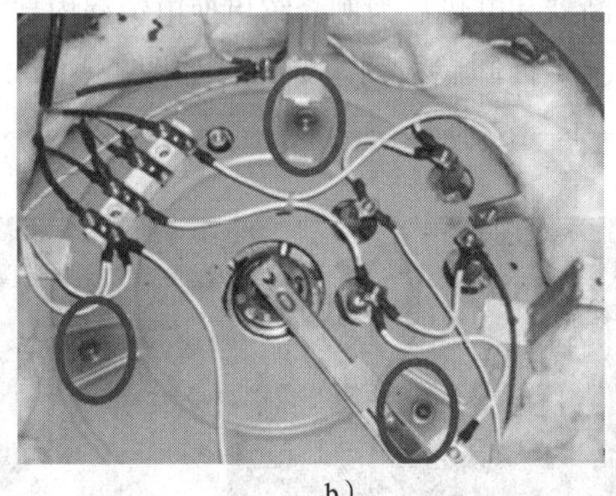

b）

图 1—1—18　更换电饭锅电热盘

活动 3　电饭锅不通电故障的维修

1. 故障现象

将放好大米和水的内锅放进电饭锅，盖好上盖，插好电源线，并按下开关后，保温指示灯亮，但按下煮饭按键时，煮饭指示灯（加热指示灯）不亮，电热盘也不能发热，不能煮饭。

2. 故障分析

首先根据故障现象，依据电气原理图，对故障可能产生的原因和所涉及的电路部分进行分析并做出初步判断，在电气原理图上标出最小故障范围。由图 1—1—19 可知，保温指示灯亮，说明电饭锅内部已得电，并且熔丝也是正常的。当按下煮饭按键时，煮饭指示灯不亮，电热盘也不能发热，说明 220 V 交流电没有加载到电热盘两端，从原理图可知应该是按键开关没有接通所致。

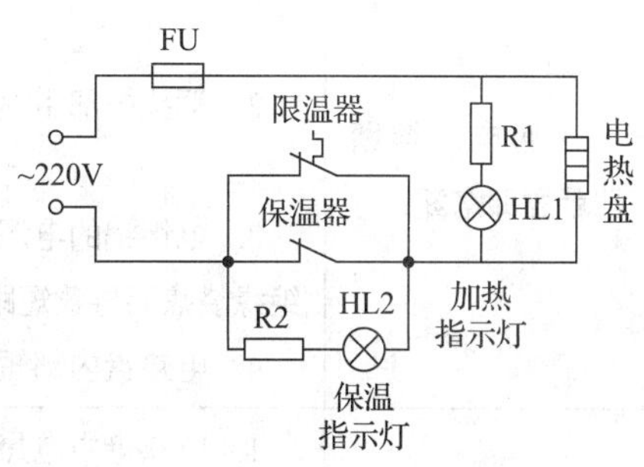

图 1—1—19　电饭锅电路原理图

3. 维修方法及步骤

根据故障分析，可采用电压法进行测量，将万用表挡位开关拨至交流 250 V 挡，先测量磁钢限温器两端交流 220 V 电压，再测量电热盘两端交流 220 V 电压，并将测量结果填入表 1—1—5 中。

表 1—1—5　测量结果

测量线路及状态	测量位置	测量值 /V	正常值
拆开电饭锅，按下煮饭按键	限温器两端		220 V
	电热盘两端		220 V
	故障结果及处理： 通过测量发现杠杆开关看似接通，但用万用表通断挡测量却不通，仔细观察，发现是杠杆开关触点因经常通断大电流而烧蚀，因而虽然看似闭合，但却不能接通电路。用细砂布仔细打磨触点，直到接通电路为止。经处理后，整机恢复正常		

除了本任务中已经检修的故障外，电饭锅常见的故障现象还有很多，其他常见故障的故障原因及维修方法见表 1—1—6。

表 1—1—6　电饭锅其他常见故障的故障原因及维修方法

故障现象	故障原因	维修方法
一通电，熔断器就立即熔断	1. 熔断器容量过小 2. 插头内部引线脱落形成短路 3. 电饭锅的电源插座中两铜柱之间因绝缘烧焦而导致短路 4. 电热盘内部短路	1. 根据电饭锅功率选择相应的熔断器 2. 拆下插头，排除短路故障后焊接好 3. 刮除碳积物以及烧焦导电后的电木部分 4. 更换电热盘
接通电源、按下开关，指示灯不亮且锅底不热	1. 电热盘中电热丝断路 2. 电源引线断路 3. 双金属片温控器触点氧化或接触不良或弹簧片失灵	1. 用万用表测量，阻值应为 50～90 Ω，否则应更换 2. 检查并重新接牢电源引线 3. 用细砂布清理氧化层或更换弹簧片
接通电源、按下开关，指示灯不亮，但电热盘发热	1. 氖泡与电路接触不良 2. 氖泡损坏 3. 限流电阻开路	1. 检查并重新接牢氖泡 2. 更换氖泡 3. 更换限流电阻
外壳漏电，触碰时有麻手感觉	1. 插座或恒温器等处的绝缘材料损坏或积存污物 2. 电热盘发热元器件封口绝缘材料老化 3. 电路中裸露的金属件碰壳或周围有异物	1. 检查插头，清除污物，黄绿双色导线应接地 2. 更换绝缘材料或整个部件 3. 清除异物，将金属件移离外壳，必要时做绝缘处理
形成焦饭，按键开关动作迟缓或不动作	1. 磁钢限温器失灵，断电温度过高 2. 限温器拉杆上、下移动受阻，活动不畅	1. 更换拉力合适的弹簧、磁钢或全套限温器 2. 清除异物，调整使之可灵活动作
煮出的饭不熟或生熟不均匀	1. 电热盘发热不均匀 2. 锅底粘有异物或内胆锅底变形使内锅与电热盘接触不良	1. 更换电热盘 2. 清理内锅底，将内锅底整形，使锅底与电热盘接触良好
饭熟后，保温温度太高或太低	1. 双金属片温控器弹簧片的弹性不足 2. 双金属片温控器调节螺钉松动移位	1. 更换弹簧片 2. 重新调整调温螺钉或更换温控器

续表

故障现象	故障原因	维修方法
饭未熟，但按键开关先跳	1. 磁钢限温器内软磁体失效或金属片触点不良	1. 更换磁钢限温器
	2. 磁钢限温器拉杆与杠杆位置变形	2. 新更换的磁钢限温器较容易发生此故障，注意校正
	3. 内锅变形，使传热不良，局部过热	3. 更换变形的内锅

知识链接

1. 指针式万用表电压的测量

（1）使用前的准备

1）装好电池，插好表笔，并进行机械调零。

2）选择量程。将选择开关旋至交流电压挡相应的量程进行测量。如果不知道被测电压的大致数值，需将选择开关旋至交流电压挡最高量程上预测，然后再旋至交流电压挡相应的量程上进行测量。

（2）电压的测量

1）交流电压的测量

测量前，先将转换开关旋到标有“V”符号处，并将开关置于适当量程挡，如图 1—1—20 所示，然后将红色表笔插入万用表的红色插孔内，黑色表笔插入黑色插孔内。手握红色表笔和黑色表笔的绝缘部位，先用黑色表笔触及一相带电体，再用红色表笔触及另一相带电体或中性线，读取电压读数后，使两支表笔脱离带电体。

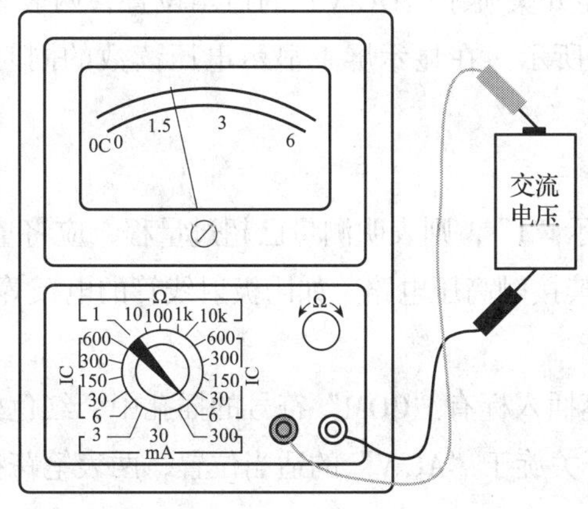

图 1—1—20　用万用表测量交流电压

2）直流电压的测量

与测量交流电压的方法基本相同。区别是直流电压有正负之分，测量时，黑色表笔应与电源的负极相接触，红色表笔应与电源的正极相接触，二者不可颠倒，如图 1—1—21 所示。如果分不清电源的正负极，则可选用较大的测量范围挡，将两支表笔快速接触一下测量点，观察表针的指向，找出被测电压的正负极。

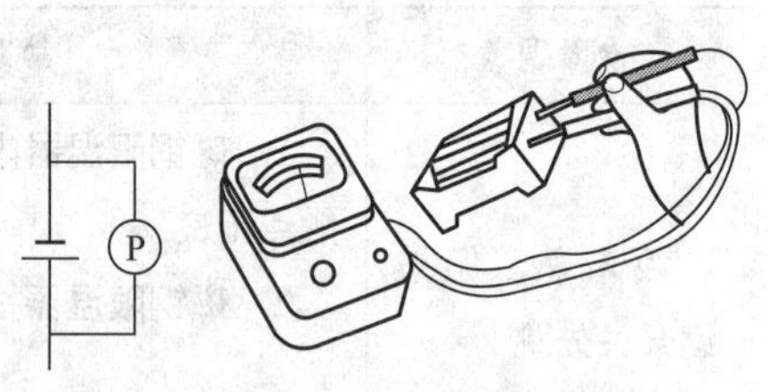

图 1—1—21　用万用表测量直流电压

（3）表笔稳定后读数

实测电压读数的数学表达式为：

$$实测电压读数 = 表针指示的格数 \times \frac{所选量程}{满度格数（10 或 50 或 250）}$$

（4）注意事项

1）测量中不得转动转换开关选择量程，防止电弧烧坏转换开关触点。

2）测电压时要养成单手操作习惯。

3）频率不在 45~1 000 Hz 的交流电，测量数据只能用做参考。

4）测量完毕，要将挡位开关转至 OFF 位置或转至交流电压 1 000 V 挡。

2. 数字式万用表电压的测量

（1）直流电压的测量

测量时，将黑色表笔插入标有“COM”符号的插孔中，红色表笔插入标有“V/Ω”符号的插孔中，并将功能开关旋于“DC V”的适当位置，两表笔跨接在被测负载或电源的两端，如图 1—1—22 所示。在显示屏上显示电压读数的同时，还将指示红色表笔的极性。

注意：

1）如果只在高位显示“1”，则表明测量已超过量程，应将量程调至高挡。

2）测试高压时，严禁接触高压电路（如阴极射线管的电极等）。

（2）交流电压的测量

测量时，将黑色表笔插入标有“COM”符号的插孔中，红色标笔插入标有“V/Ω”符号的插孔中，并将功能开关旋于“AC V”的适当位置，两表笔跨接在被测负载或电源的两端，如图 1—1—23 所示。

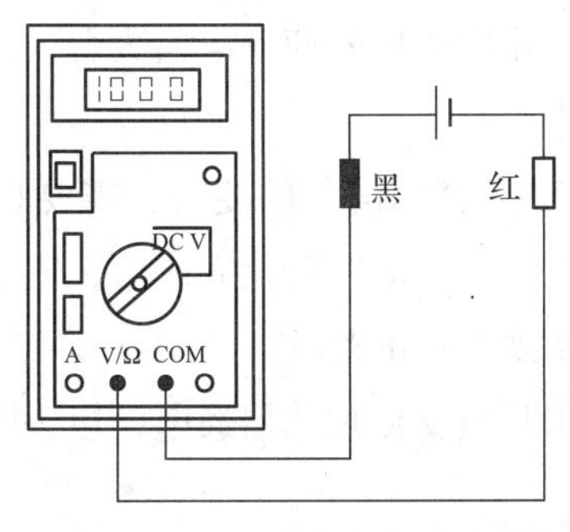

图 1—1—22　直流电压的测量

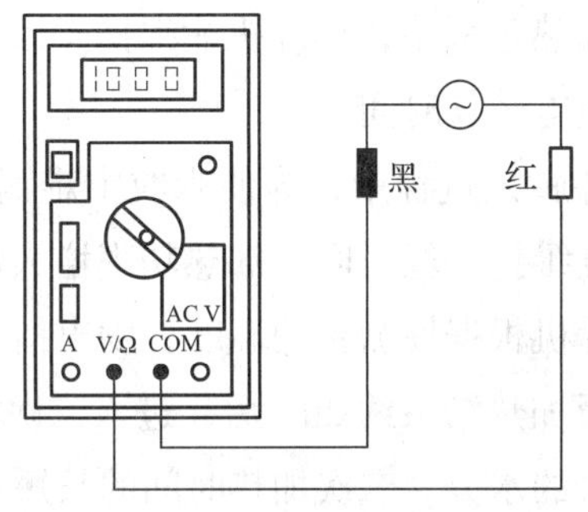

图 1—1—23　交流电压的测量

知识拓展

智能型电饭锅

由单片机控制的电饭锅能以更合理的方式进行加热。它配有温度检测电路与保护电路，有较强的抗干扰能力，并能检测器件的故障与非正常使用，保温性能好，热效率高。

1. 智能型电饭锅的结构及工作原理

智能型电饭锅的结构如图 1—1—24 所示。与一般电饭锅相比，它增加了控制电路、操作面板及温度传感器等。这种电饭锅一般采用模糊控制技术，能自动地判断米量、水与米的比例等信息，从而设定最佳控制方式，达到省时省电的目的。

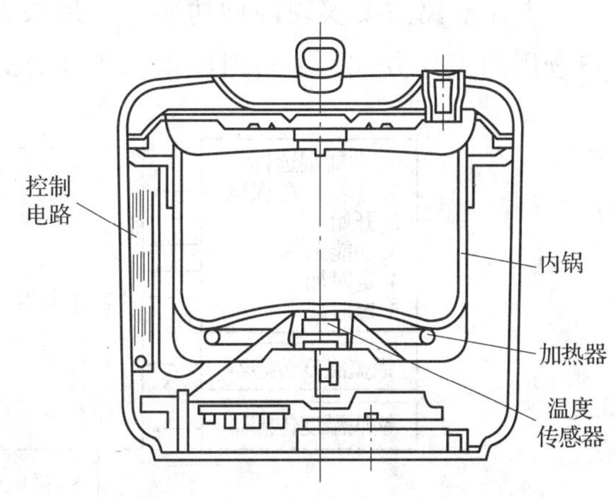

图 1—1—24　智能型电饭锅的结构

控制电路由以单片机为核心的电子线路组成。在单片机的内部固化了煮饭必需的程序。其中，煮饭过程分为吸水、加热、沸腾煮及二次加热四个阶段。煮粥 / 炖汤过程分为吸水、加热、沸腾三个阶段。在每一过程中，单片机通过检测温度来选定加热器的功率及加热时间，以确保煮出的饭色香味美，而且省电。

电饭锅接通电源进入煮饭过程后，设置在锅盖及锅底的温度传感器（一般为负温度系数的热敏电阻）将所在位置的温度变化情况及时传递给单片机对应的输入端，单片机根据这些数据按照程序发出指令，控制相应器件完成对应功能。

在吸水过程中，需要使水温稳定在 35℃左右。单片机通过锅底温度传感器检测到的锅内温度，输出控制信号，控制主加热器小功率加热，以保证米粒吸足水分。

在加热过程中，单片机能根据煮饭量的多少输出相应的信号使继电器吸合，主加热器将连续通电较长时间。

在沸腾煮过程中，为使米粒中难消化的淀粉转变为容易消化的淀粉，需要在98℃以上的温度维持一段时间。加热功率增大后，锅内温度上升。淀粉转化完成后，锅底的水消失，单片机根据检测到的温度，发出指令使继电器释放，停止煮饭。

煮饭加热结束约20 s后，进入二次加热过程，单片机又使加热器通电，以去除附在饭表面多余的水分。二次加热时间的长短可人为选择。

当智能型电饭锅的电源接通时，单片机立即自动复位。待煮饭开关接通后，单片机会记录从40℃上升到50℃的时间，从而判断米量的多少，再根据米量控制相应的吸水时间。接着主加热器加热，直至温度升到98℃后，保持沸腾状态。单片机会决定所需的时间，饭煮好后自动切断主加热器电源。如未断电，则单片机通过控制保温加热器及锅盖加热器的断续通电，使米饭温度保持在70℃左右。

2. 智能型电饭锅的电路原理

智能型电饭锅的电路主要由电源电路和控制电路两部分组成，如图1—1—25所示。主控电路与热敏电阻形成反馈回路。

主控电路主要实现两种功能：一是采集热敏电阻反馈回来的温度值；二是依据用户选用的工作方式，通过对继电器工作方式的改变来实现对加热器加热的控制。

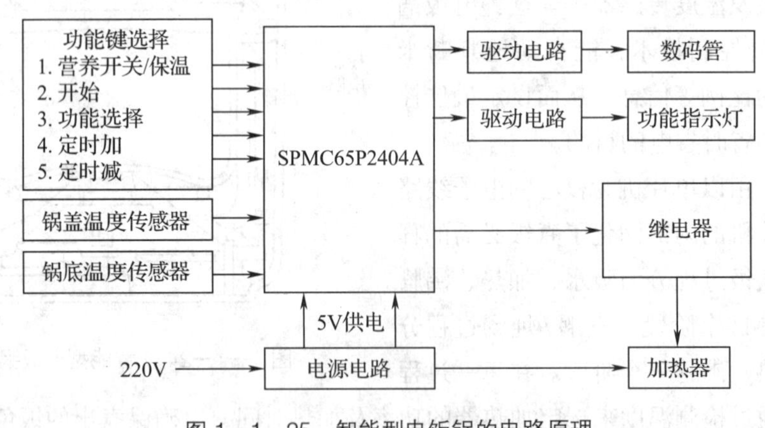

图1—1—25 智能型电饭锅的电路原理

任务评价

根据任务考核评分表（见表1—1—7）进行任务评价。

表 1—1—7　　任务考核评分表

评价项目	评价标准	配分	自我评价	小组评价	教师评价
职业素养	安全意识、责任意识、服从意识强	5			
	积极参加教学活动，按时完成各项学习任务	5			
	团队合作意识强，善于与人交流和沟通	5			
	自觉遵守劳动纪律，尊敬师长，团结同学	5			
	爱护公物，节约材料，工作环境整洁	5			
专业能力	能说出电饭锅的结构	5			
	理解电饭锅的加热及控温原理	10			
	能正确拆装电饭锅	10			
	能准确判断电热盘、磁钢限温器、双金属片温控器等元器件的好坏	15			
	能正确分析电饭锅常见故障原因并排除故障	20			
	了解智能型电饭锅的结构及工作原理	10			
	了解智能型电饭锅的电路原理	5			
合计		100			
总评	自我评价 × 20% + 小组评价 × 20% + 教师评价 × 60%=__________	综合等级	教师（签名）：		

注：学习任务考核采用自我评价、小组评价和教师评价三种方式，考核分为 A（90~100）、B（80~89）、C（70~79）、D（60~69）、E（0~59）五个等级。

任务 2　电热取暖器原理与维修

学习目标

知识目标

1. 了解电热取暖器的结构。
2. 理解石英管式取暖器、电热油汀及暖风机的加热和控制原理。
3. 掌握双金属片的温控原理。

能力目标

1. 能正确拆装电热取暖器。

2. 能识别电热取暖器的主要器件并判断其好坏。

3. 能排除电热取暖器的常见故障。

任务引入

电热取暖器（简称电暖器）是把电能转换为热能供人取暖御寒的家用电器。与采用燃料的取暖器具相比，它具有使用方便、清洁卫生、安全性好、无污染、热效率高、便于控制温度等优点。按照对人体传递热量的方式不同，电热取暖器可分为直接取暖器（如电热褥、电暖鞋等）和间接取暖器（如石英管式取暖器、电热油汀、暖风机等）两大类。

目前，在家庭中使用较多的电热取暖器有石英管式取暖器、电热油汀、暖风机等，它们的外形如图 1—2—1 所示。本任务首先介绍这三种取暖器的结构和工作原理。然后在教师带领下拆装电热取暖器，熟悉电热取暖器的结构及主要器件，掌握它的拆卸、安装方法，了解其工作原理及典型电路。最后进行电热取暖器的电加热器、温控器、超热保护控制器、风扇等主要部件的检测，判断它们的好坏，并从故障现象出发，分析故障原因，掌握排除电热取暖器常见故障的方法。

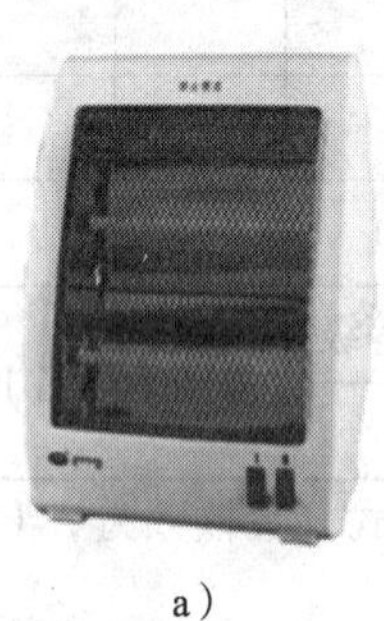

a）

b）

c）

图 1—2—1　常见的电热取暖器

a）石英管式取暖器　b）电热油汀　c）暖风机

知识准备

一、石英管式取暖器

1. 石英管式取暖器的结构

石英管式取暖器是以石英管为发热元器件的家用远红外电暖器具。这种取暖器具有加热升温快、安全性好、热量集中、热效率高、热惯性小等优点。

石英管式取暖器按石英管的安装形式不同，可分为卧式和立式两大类；按所用石英管的数量不同，可分为单管、双管与多管等。石英管式取暖器的规格以其消耗的电功率来划分，常用规格有 500 W、800 W、1 000 W、2 000 W、3 000 W 等多种。

石英管式取暖器主要由石英电热管、反射罩、防护网罩、外壳等组成。

石英电热管是这种取暖器的核心，它由石英管、电热丝及支架三部分组成，如图 1—2—2 所示。石英管采用乳白色半透明石英材料经特殊工艺制成。石英管内装有螺旋状电热丝（镍铬丝或铁铬铝丝）。石英管两端用瓷质或不锈钢支架固定。通电后，电热丝发出可见光和红外线，经石英管壁吸收后，引起石英玻璃中晶格振动，从而向外辐射远红外线。

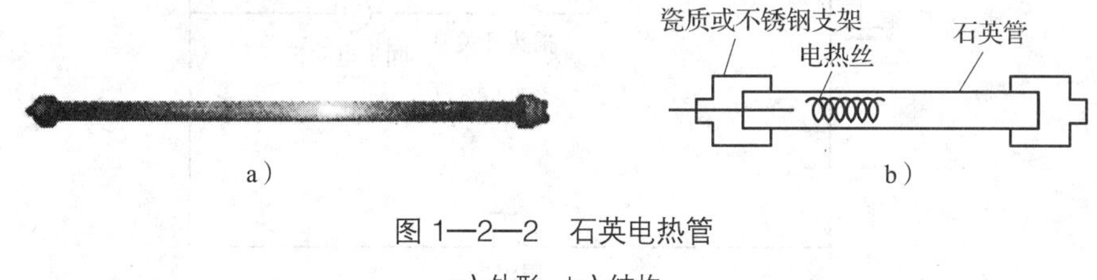

图 1—2—2 石英电热管

a）外形 b）结构

远红外线与可见光一样，具有反射、折射、吸收等特性。为提高热效率，在石英管式取暖器上都装有反射罩。反射罩一般用不锈钢抛光后制成，其断面设计成抛物线状。加装反射罩后，辐射效率可提高 30% 左右。防护网罩设置在石英管外壳的正面，它主要起防护作用。外壳一般采用塑料注塑成形或薄铁皮冲压成形，起装饰、防护及支承作用。

立式石英管式取暖器一般配有旋转装置。旋转装置用一个小电动机驱动，电动机由摇头开关控制，如图 1—2—3 所示。按下摇头开关，小电动机运转，带动曲柄连杆机构，将转动变为来回摆动，使取暖器自动左右来回摆动，以扩大取暖范围。功率较大的石英管式取暖器还装有风扇组件，如图 1—2—4 所示。取暖器工作时，接通风扇电动机电源，风扇运转后，便可向外送出热风，增强制热效果。立式取暖器还装有倾倒保护开关。安放位置正常时，通过安装在底板下面的顶杆使触点开关闭合，取暖器正常加热。如倾倒，则倾倒保护开关立即断开，切断石英加热管的电源，防止电热管与地板或地毯接触引起火灾。

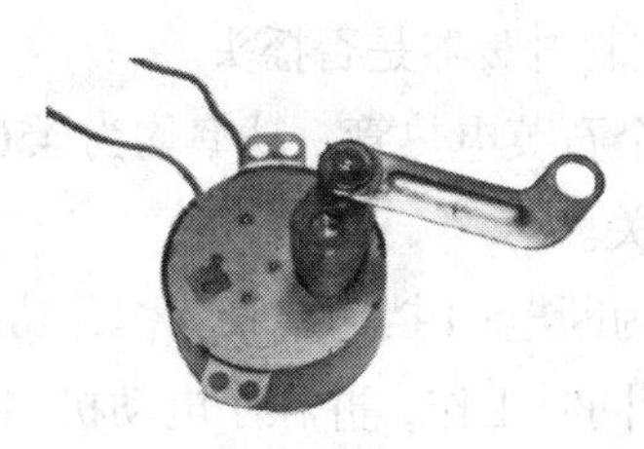

图 1—2—3 摇头开关

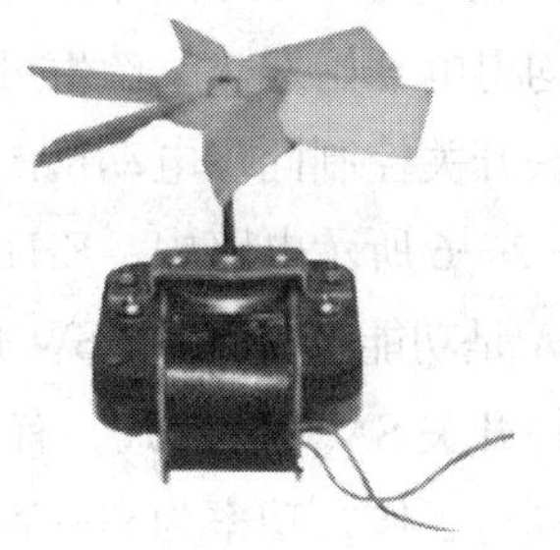

图 1—2—4 风扇组件

2. 识读石英管式取暖器的电路图

石英管式取暖器的电路比较简单，如图 1—2—5、图 1—2—6 和图 1—2—7 所示是石英管式取暖器的三个典型电路。

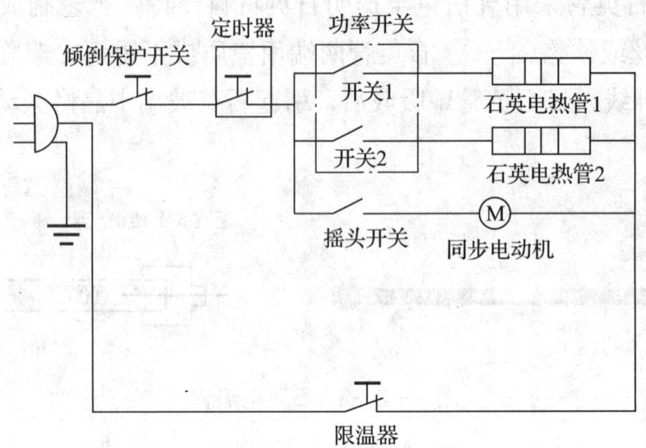

图 1—2—5 石英管式取暖器电路（一）

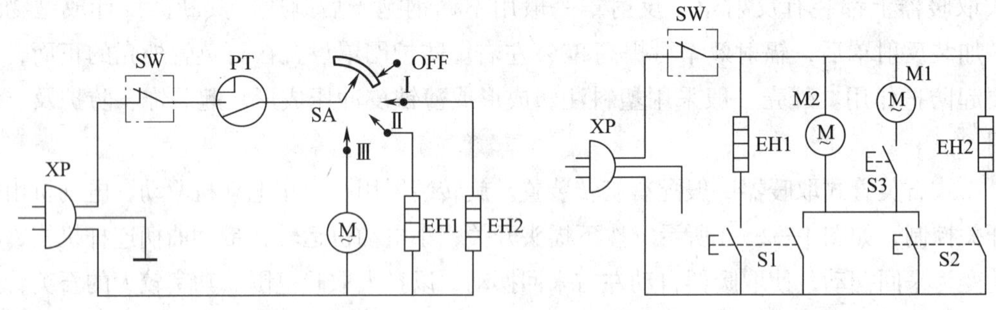

图 1—2—6 石英管式取暖器电路（二）　图 1—2—7 石英管式取暖器电路（三）

如图 1—2—5 所示电路中，当开关 1 闭合时，市电（220 V 交流电）经过倾倒保护开关、定时器、开关1、石英电热管 1，再经限温器构成回路，石英电热管 1 得电开始发热，产生可见光和红外线向外辐射，从而小功率加热取暖。

当开关1 和开关 2 均闭合时，石英电热管 1 和石英电热管 2 均加到通电回路中，两个石英电热管均得电开始发热，产生可见光和红外线向外辐射，从而大功率加热取暖。

通过摇头开关控制同步电动机的通断，从而控制电暖器是否摇头。

如图 1—2—6 所示电路中，EH1 和 EH2 是两个石英电热管，功率均为 450 W；M 为旋转电动机；SA 是功能选择开关；SW 是倾倒保护开关。

功能选择开关 SA 为旋转式，有四挡：OFF 挡为断电；Ⅰ挡为单管工作，功率为 450 W；Ⅱ挡为双管同时工作，功率为 900 W；Ⅲ挡为双管同时工作，并在小电动机 M 驱动下左右来回摆动。定时器 PT 可在 120 min 内任意选定定时时间。在使用时如不慎倾倒，则倾倒保护开关 SW 断开，切断主电路，起安全保护作用。

如图 1—2—7 所示电路中，EH1 和 EH2 是两个石英电热管，Ml 是旋转电动机，M2 是风扇电动机，SW 为倾倒保护开关，S1、S2、S3 均为按键开关。S1 和 S2 分别控制 EH1 和 EH2。S3 控制旋转电动机 M1。S3 闭合后，M1 运转，取暖器做往复摆动，增大辐射范围。两个石英电热管中，只要有一个发热，风扇电动机 M2 便通电，送出热风。

提示

电暖器的安全使用要求如下：

（1）电源必须使用合格的、带地线的三孔插座，否则会有漏电的危险。电暖器的功率较大，不宜与其他大功率的电器同时使用。

（2）电暖器上不能覆盖物品。电暖器表面的温度较高，一旦覆盖物品，热量不能及时散发，会造成烧机或火灾。

（3）电暖器应放在不易碰触的地方，远离可燃物，背面离墙应至少 20 cm。

（4）使用电暖器时应增加室内湿度，如在屋里养一些水栽植物、放几盆清水或使用加湿器。

二、电热油汀

电热油汀通过电热部件产生的热量加热内置的导热油，然后利用导热油的储热能力，可以在断电后仍然向室内空间释放热量，是目前常用的一种电暖器。

电热油汀是充油式电暖器的俗称，属于自然对流式电暖器，是一种使用安全、可靠的空间加热器。其特点是散热面积大，表面温度不过高，热安全性好，强度大，即使是在人多拥挤的地方，以及浴室、暗房等潮湿的环境中也能使用；其缺点是热惯性大，升温和降温均较慢，适用场所的保温条件要好。电热油汀的规格通常按其消耗的电功率划分，常用的规格有 800 W、1 500 W、2 000 W、3 000 W 等。

电热油汀的结构如图 1—2—8 所示，它主要由电加热器、导热油、散热片、温控器及外壳等组成。

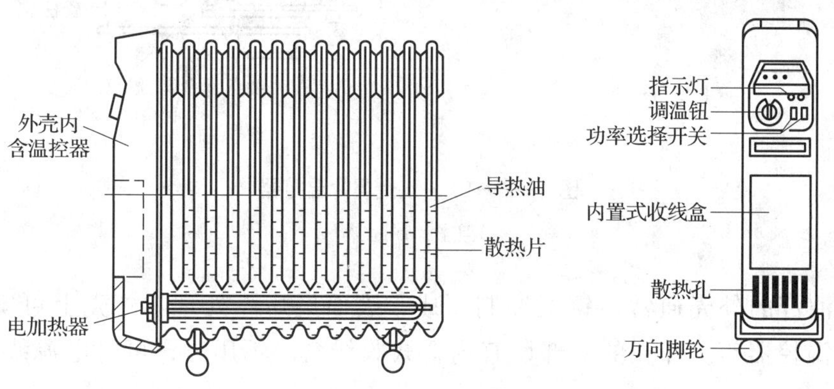

图 1—2—8　电热油汀的结构

电加热器采用管状结构，如图 1—2—9 所示。它由两根 U 形电热管、橡胶密封环、法兰、螺纹接头等组成。电加热器浸在导热油中，共同密封在同一散热片腔体内。

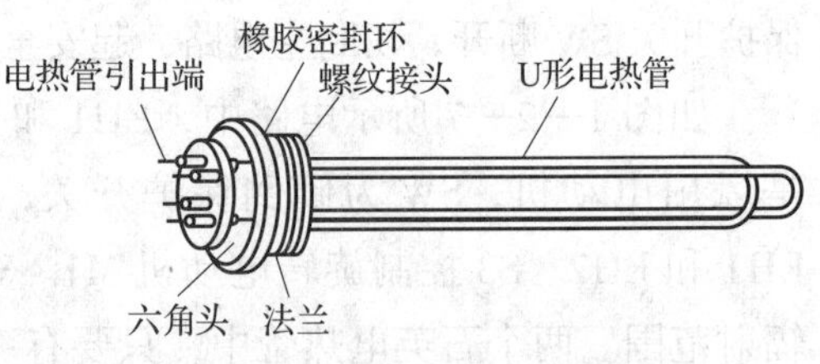

图 1—2—9　电加热器的结构

电热油汀中的导热油采用 YD 系列，这种油由长碳链的饱和烃组成。其主要特点是无毒、无渗透现象、热稳定性好、抗氧化性强、黏度适中、温度容易控制并且价格低廉。

散热片由 7 ~ 13 个金属片叠合、密封连接而成。各个金属片都是中空的，上、下端各有一个凸台，相邻凸台密封连接。在它的顶部和底部各形成一个水平的圆柱形空腔。下空腔中安装电加热器。

温控器一般采用缓动型双金属片，如图 1—2—10 所示。它安装在金属箱体上，能直接感受电热油汀的温度变化。温控器的触点串联在电加热器回路中，通电加热后，随着温度的升高，双金属片弯曲变形，当温度达到设定值时，双金属片瓷柱顶动簧片，将触点断开。断电后，电热油汀慢慢降温，随着温度的下降，双金属片逐渐复原，触点重新闭合。旋转调温旋钮，可以改变作用在双金属片上的预置推力。逆时针旋转时，推力减小，控制温度降低；顺时针旋转时，推力增大，控制温度升高。通过调节该旋钮，可使温度控制在某一设定范围内。

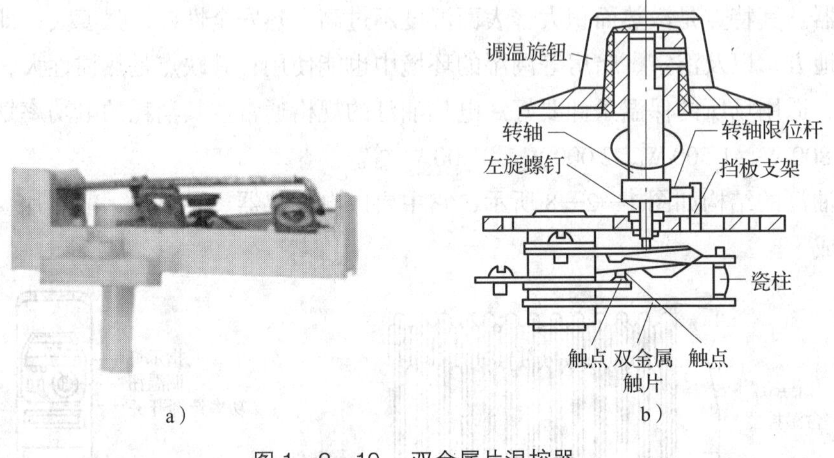

图 1—2—10　双金属片温控器

a）实物　b）结构

电热油汀的外壳通常由钢板冲制而成，表面经烤漆处理。外壳上可安装开关、指示灯、温控器等。外壳的下部设有内置式收线盒。不用时，可将电源线卷起收入盒内。

电热油汀的典型电路如图 1—2—11 所示。使用时，先将电热油汀的功率选择开关拨至位置“2”，此时，电加热器 EH1 和 EH2 同时通电发热，指示灯 HL 点亮，电热油汀处于大功率加热状态。

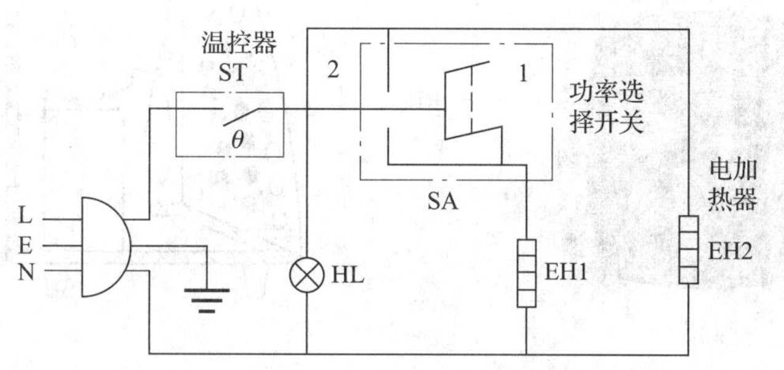

图 1—2—11　电热油汀电路原理图

温度升高后，将功率选择开关拨到位置“1”，EH2 断电，且指示灯熄灭；EHl 仍通电。这时，电热油汀处于自动保温状态。保持的温度由温控器预先调定。当温度升高到上限值时，温控器 ST 触点断开，EH1 断电停止加热；当温度下降至下限值时，ST 触点闭合，EH1 得电加热。

电加热器发热时，加热其周围的导热油。因热油密度较小而上升，冷油密度较大而下沉，导热油在散热片空腔内形成自然对流，在对流过程中，导热油又将热量传递给散热片，再通过散热片将热量传递给空气，从而使整个房间温度均匀升高。

三、暖风机

暖风机又称风扇加热器或暖空调，属于强迫对流式电暖器，它利用风扇强行推动外界空气流动，将电热器产生的热量带走。强迫对流式电暖器最大的特点是供热的方向性较强、使用方便、传热距离远、热效率高等，但其结构比自然对流式电暖器复杂，多了一个吹风装置，当关闭电热部件电源时，可作为常用的吹风机。暖风机主要由电热元器件、送风机、安全保护装置及外壳等部分构成。根据暖风扇出风形式不同，常分为轴流式和离心式两类。

1. 轴流式暖风机

轴流式暖风机有普通型和反射板改进型两种，其结构如图 1—2—12 所示。普通型轴流式暖风机主要由电热元器件、送风机、防护罩和控制机构组成，吹风部分主要由风扇和交流电动机组成，装在电热元器件后面。当电动机通电工作时，带动风扇使冷空气流经电热元器件并通过防护罩排放到加热空间中去。为防止暖风机因温度过高而损坏，通常在暖风机内部安装双金属片温控器，当暖风机内部温度超过预定温度时，温控器便自动切断电源。反射板改进型暖风机与普通型暖风机的主要区别在于风扇和电热元器件之间安装了一块金属反射板，具有辐射热量的作用，以使流出的暖空气更为集中。有的轴流式暖风机还安装有摆动机构，可使暖风机在一定角度范围内向不同方向输送暖气。

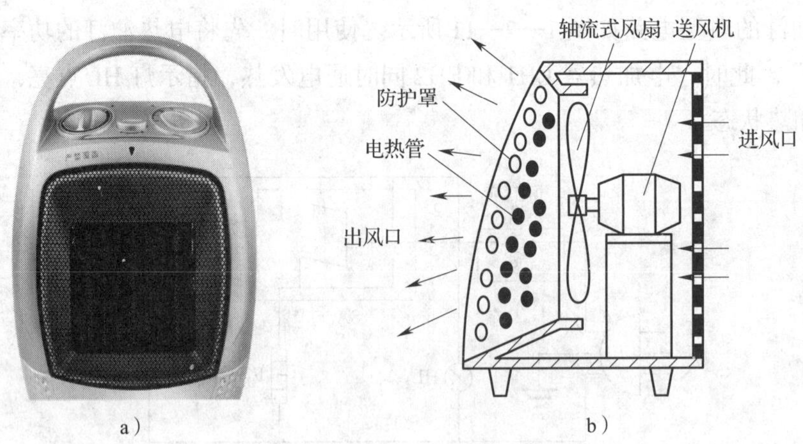

图 1—2—12　轴流式暖风机的结构

a）实物图　b）构造原理图

2. 离心式暖风机

离心式暖风机的结构如图 1—2—13 所示，主要由电热元器件、送风机和壳体组成。送风机仍采用电动机带动风扇旋转产生风量，暖风机上部还装有功率调节按钮，可以控制吹出的暖气温度，通常分为高温和低温两种。有的离心式暖风机的控制电路较为复杂，可以实现调温连续无级变化。离心式暖风机的结构比较简单、体积小、价格低廉、外形美观，使用和移动较方便，维修也比较容易，因此应用范围较广。

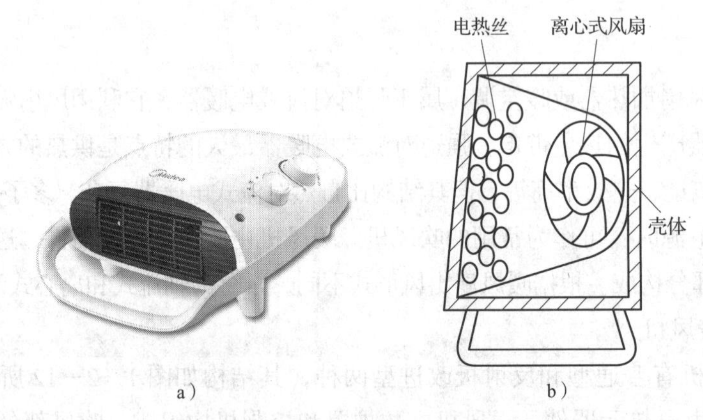

图 1—2—13　离心式暖风机的结构

a）实物图　b）构造原理图

暖风机常用的电热元器件有裸露电热丝、PTC 型电热元器件及带状电热膜三种。裸露电热丝型电热元器件多以镍基合金或铁基合金为材料，绕成螺旋状，直接裸露在空气中。PTC 型电热元器件是一种具有正温度系数的热敏电阻，作电热元器件使用时，工作温度设计在它的居里点以上。暖风机上使用的 PTC 加热器如图 1—2—14 所示，每组 PTC 器件均用金属片夹在中间（相当于并联关系），然后再将几组 PTC 器件串联起来。由 PTC 器件组成的电热元器件具有自动温度控制功能，当温度升高到居里点以上时，其阻值会变得很大，使电流降至很小，这样便使加热温度自动保持在居里点左右。带状电热膜型电热元器件以聚酰亚胺为基带，在其表面涂敷一层高导电状电热膜。这种电热带具有热效率高、无明火、使用寿命长等优点。

送风机由电动机和风扇两部分组成，如图 1—2—15 所示。送风机中的电动机一般采用单相罩极式异步电动机。送风机风扇的风叶有轴流式和离心式两种。轴流式风叶与小型台扇的风叶类似，一般采用铝合金冲压成形，也有的用工程塑料注塑成形，叶片数为 3。离心式风叶为圆柱状，制造时在一张薄铝片上冲压出数十条片条形叶片，并弯曲一定角度，然后将铝片弯成圆柱形，前后两端装上端盖后铆合而成。前端盖中心装有转轴，并装于支架上，后端盖装有轴套。装配时将轴套压入电动机轴上。电动机转动时，直接驱动风叶转动。

图 1—2—14　PTC 加热器

图 1—2—15　离心式送风机组件

暖风机通常采用双金属片温控器来控制温度，其温控原理与电热油汀中的双金属片温控器相同。只是暖风机温控器中的双金属片不接触发热器件，而是在空间直接感受空气的温度。暖风机的安全装置主要由超热保护控制器、倾倒保护开关及超热保护熔断器等组成。超热保护控制器一般采用碟形双金属片式，如图 1—2—16 所示。它的动作温度一般为 150℃，而且安装在 PTC 加热器的金属片上。倾倒保护开关如图 1—2—17 所示，它的触点串联在主电路中。当暖风机底座放平时，位于暖风机底部的顶杆压在倾倒保护开关的簧片上，触点闭合；当暖风机不慎倾倒时，顶杆松开簧片，触点断开，将主电路切断，以避免事故发生。超热保护熔断器的熔断温度为 250℃左右。当温控器失灵，温度上升到这一温度时，超热保护熔断器会自动熔断，断开电源。

暖风机的外壳分前、后两部分，通常采用工程塑料注塑成形。外壳上设有进、出风口及保护栅。

图 1—2—16 超热保护控制器

图 1—2—17 倾倒保护开关

普通暖风机的电路如图 1—2—18 所示。图中 EH1 和 EH2 是两个加热器，分别受开关 SA2、SA3 控制；M 为风扇电动机；SA1 为电源开关；ST 为温控器；SW 为倾倒保护开关。当电源开关 SA1 闭合后，风扇电动机得电运转，同时指示灯 HL 亮。由 SA2、SA3 选择一个加热器（EHl 或 EH2）加热或两个同时加热。

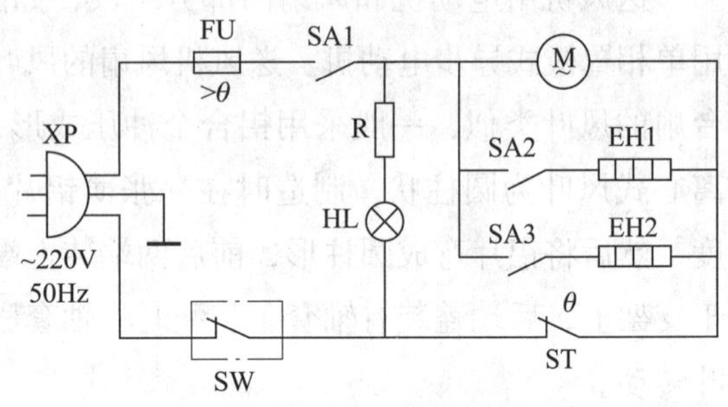

图 1—2—18 普通暖风机的电路原理图

任务实施

一、器材准备

万用表、兆欧表、旋具、尖嘴钳、活扳手、电烙铁、电热取暖器等。

二、实施过程

活动 1 电热取暖器的拆装

1. 石英管式取暖器的拆装

以立式石英管式取暖器为例，其拆装步骤如下：

（1）石英电热管的拆卸

1）拧下防护罩的固定螺钉，卸下防护罩。

2）拆下石英电热管接线端上的连接线（注意记下连接关系）。

3）拆下石英电热管的固定装置，卸下石英电热管。

（2）定时器、琴键开关的拆卸

1）拧下顶盖上的固定螺钉。

2）向上掀开顶盖，便能看到安装在顶盖下面的定时器和琴键开关。

3）拆下定时器和琴键开关的连接线（注意记下连接关系）。

4）拧下定时器和琴键开关的固定螺钉，拆下定时器和琴键开关。

（3）风扇组件的拆卸

1）拧下下盖板上的固定螺钉，卸下下盖板。

2）拆下风扇电动机的连接线（注意记下连接关系）。

3）拧下风扇电动机的固定螺钉，拆下风扇组件。

（4）摇头电动机的拆卸

1）拧下下盖板上的固定螺钉，卸下下盖板。

2）拆下摇头电动机的连接线（注意记下连接关系）。

3）拧下摇头电动机的固定螺钉，拆下摇头电动机。

这些器件的安装过程与拆卸过程相反。

2. 电热油汀的拆装

电热油汀的结构比较简单，只要拆开前盖，内部主要器件的分布便一目了然，如图 1—2—19 所示。电加热器安装在电热油汀的底部，用一个大六角螺钉紧紧地锁定在电热油汀的外壳上，两者间垫有耐油的橡胶密封环，可以保证导热油不渗漏。拆装过程稍有不慎，便会造成漏油。因此，只有在必须更换电加热器或橡胶密封环时，才能拆开它。如要检测电加热器是否完好，可以拆除连接导线后在原位置上测量。下面重点介绍温控器的拆装。

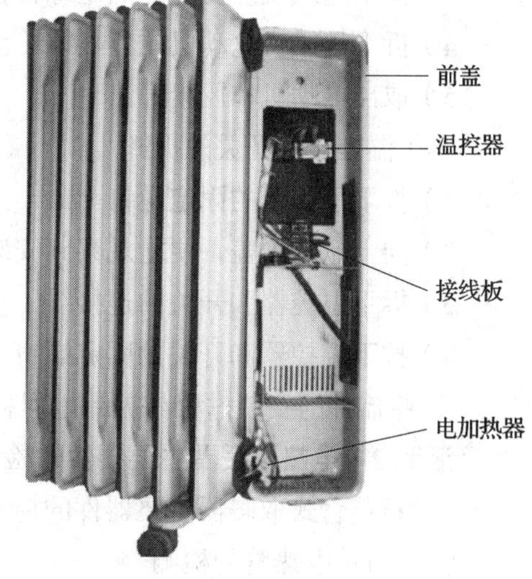

图 1—2—19　电热油汀内部主要器件的分布

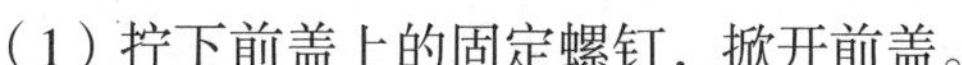
（1）拧下前盖上的固定螺钉，掀开前盖。

（2）拔下功率控制开关。

（3）拆掉温控器上的连接导线（注意记下连接关系）。

（4）取下温控器。

安装过程与拆卸过程相反。

3. 暖风机的拆装

（1）PTC 加热器和超热保护控制器的拆卸

1）拧下后盖连接螺钉，卸下后盖。

2）拧下送风机与前盖的固定螺钉，取出送风机组件。

3）拧下 PTC 加热器支架的固定螺钉，取出 PTC 加热器（含支架）。

4）拔下超热保护控制器接线端上的连接线（注意记下连接关系）。

5）拧下超热保护控制器固定在支架上的螺钉，取下超热保护控制器。

6）拔下 PTC 加热器接线端上的连接线（注意记下连接关系）。

7）取出 PTC 加热器。

（2）摇头电动机和倾倒保护开关的拆卸

1）拧下底板上的固定螺钉，卸下底板。

2）拆下摇头电动机的连接线（注意记下连接关系）。

3）拧下摇头电动机的固定螺钉，卸下摇头电动机。

4）拔下倾倒保护开关上的连接线（注意记下连接关系）。

5）从定位槽中取出倾倒保护开关。

（3）送风机的拆卸

1）拧下后盖连接螺钉，卸下后盖。

2）拧下送风机与前盖的固定螺钉，取出送风机组件。

3）拧下送风机外壳上的固定螺钉，分离送风机外壳。

4）拆下送风机电动机的连接线（注意记下连接关系）。

5）取出电动机和风扇。

（4）温控器和开关的拆卸

1）拧下顶盖上的固定螺钉。

2）向上掀开顶盖，便能观察到安装在顶盖下面的温控器和开关。

3）拆下温控器和开关的连接线（注意记下连接关系）。

4）拧下温控器和开关的固定螺钉，便可拆下温控器和开关。

这些器件的安装过程与拆卸过程相反。

活动 2　电热取暖器主要器件的检测

1. 石英管式取暖器主要器件的检测

（1）石英电热管的检测

先观察石英电热管外表是否有损坏的痕迹，再用万用表电阻挡测量石英电热管各引出端之间的电阻，正常值应为几十至一百多欧，且电功率越大，电阻越小。如测得结果很大或为无穷大，则说明电热丝断路，应予以更换。将测量结果填入表 1—2—1 中。

表 1—2—1　　测量结果

万用表挡位	测量值 /Ω

（2）风扇电动机的检测

先手动旋转风扇电动机的转轴，测试电动机转动是否灵活。如被卡死或有明显阻滞，说明它的转动受阻，通电后会出现堵转故障。然后用万用表电阻挡测量电动机两根引出线之间的电阻，正常值应为几百欧。如测得电阻为 0 或 ∞，则说明风扇电动机内部短路或断路，应予以更换。将测量结果填入表 1—2—2 中。

表 1—2—2　　测量结果

型号	类型	功率 /W	转动情况	电阻 /Ω

（3）摇头电动机的检测

先用手测试电动机转动是否灵活。然后用万用表电阻挡测量摇头电动机两根引出线之间的电阻，正常值应为几千欧，如测得电阻为 0 或∞，则说明摇头电动机内部短路或断路，应予以更换。将测量结果填入表 1—2—3 中。

表 1—2—3　　测量结果

型号	类型	功率 /W	转动情况	电阻 /Ω

（4）定时器的检测

定时器正常工作时，用手顺时针旋动旋钮后应能定位，且触点闭合，放手后慢慢自动逆时针反转，至停止位时，触点断开，切断电路，齿轮组停止运转。检测时，可顺时针旋动旋钮，同时用万用表 $R\times1\ \Omega$ 挡测两根引出线之间的电阻。正常时应为 0；如为∞，则说明触点断路；如电阻值为几至几十欧，则说明触点接触不良；如到停止位后仍为 0，则说明触点不能分离。触点锈蚀不严重且簧片仍有较好弹性时，可用粗砂布轻轻打磨触点，并用镊子校正簧片，使其恢复使用。如触点已烧毁或簧片已无弹性，则只能更换。

如顺时针旋动旋钮后不能定位，说明定时器内部的齿轮组已损坏，只能更换。如顺时针旋动旋钮后听不到齿轮组运转时发出的轻微声音，则可能是其内部生锈产生阻尼，造成定时器失灵，一般情况下只能更换。

（5）琴键开关的检测

调速琴键开关在使用过程中较容易出现触点接触不良、按键按下后不能锁住或按键按下后不能弹起等故障。

检查触点可用万用表电阻挡进行。按下某个按键后应能自行锁住，且触点闭合。此时动、静触点间的电阻应为 0；按下停止键后，各按键均应弹起，动、静触点间的电阻应为∞。如按键按下后电阻为∞或有数值，说明触点未接触或接触不良，可检查触点及簧片情况。如触点锈蚀得不严重，且簧片弹性仍很好，则可用细砂布轻轻磨去积碳及锈迹，并用镊子仔细校正簧片，使按键按下后能可靠地闭合，按键弹起后能很好地分离。

2. 电热油汀主要器件的检测

（1）电加热器的检测

电热油汀上的电加热器通常安装在油汀的底部。只要拆下盖板便能观察到电加热器上的几个接线端，这种情况下，只要拔下其中一个接线端上的连接导线，便可对电加热器进行检测。判断电加热器的好坏可用万用表电阻挡进行。正常时，电功率为 1 000 W 左右的电加热器电阻为几十欧（电加热器的功率越大，电阻值越小）。如果测得两个接线端之间的电阻为∞，说明电加热器断路。如果测得电阻值为 0（或接近 0），表明存在短路故障。还可用万用表的高阻挡检测，一支表笔接电加热器的接线端，另一支表笔接电加热器的金属外壳。正常时应为∞。如结果为 0 或能读出一定的电阻值，说明它已接通外壳或存在漏电现象。这种情况下，该电加热器必须更换，否则会造成触电事故。要确定电加热器的绝缘电阻，可用兆欧表测量，其绝缘电阻应不小于 2 MΩ。

（2）温控器的检测

对于电热油汀上的温控器，可先观察它的触点是处于断开状态还是闭合状态，然后用万用表检测两个接线端之间的直流电阻是否与触点的状态一致。如在常温时检测为 0，还应进一步判断它升温至动作温度时，触点能否断开。这时需要对温控器加热，可将温控器的金属外壳与热源接触（例如用电吹风对温控器加热或放在加热后的电熨斗上），经过一段时间后，检查是否能听到轻微的动作声，此时测量温控器两个接线端之间的电阻应为∞。如加热到很高的温度仍不能转换，说明温控器损坏，需要更换同类温控器。

3. 暖风机主要器件的检测

暖风机上的风扇电动机和摇头电动机的检测方法与石英管式取暖器上同类器件的检测方法相同。温控器的检测方法则与电热油汀上同类器件的检测方法相同。下面重点介绍 PTC 加热器和倾倒保护开关的检测方法。

（1）PTC 加热器的检测

PTC 器件是正温度系数的热敏电阻，常温下，它的阻值较小。暖风机的 PTC 加热器在常温时一般为几百欧，通电后，由于电流的热效应，它的温度会升高。在开始阶段，电阻值随温度的升高而变小，即呈负温度系数特性。当温度升高到它的居里点时，电阻会突然变得很大，呈正温度系数特性，即此时流过它的电流急剧减小。电流减小，温度降低，电阻又变小，电流又变大。如此重复，使温度保持在它的居里点附近，即可以进行恒温加热。

检测 PTC 加热器是否正常，可通过用万用表测量它的冷态电阻和热态电阻的方法来判断。正常情况下，常温时的电阻为几百欧，温度升高到居里点后，其阻值会达到数百千欧。由于 PTC 加热器的居里点较高，用电吹风或电熨斗加热不一定能使它升高到居里点。可用以下简单方法初测：将开关拨到加热挡，用万用表的两个测试表笔测暖风机电源插头上接 220 V 电源的两个金属片，此时测得的是常温时 PTC 加热器与风扇电动机定子绕组并联后的直流电阻值，一般为 100 多欧（因为与电动机并联的原因，小于 PTC 加热器的实际值）。然后接通电源，当暖风机送出热风后，拔下电源插头，用万用表再测暖风机电源插头两端的电阻。如通电时间较短，阻值应减小。而长时间通电，阻值应变得很大。如 PTC 加热器的阻值不随温度的升高而变化，说明它不正常，只能更换相同规格的 PTC 加热器。

（2）倾倒保护开关的检测

检测倾倒保护开关的方法较简单，只要用万用表电阻挡检测它的两个接线端。正常情况下，当簧片放松时，内部触点断开，电阻应为∞；当用手压下簧片时，内部触点闭合，电阻为0。如电阻值不正常应更换。

活动3 电热取暖器的常见故障及维修

1. 电热油汀故障的维修

（1）故障现象

插上电源，电热油汀不发热。

（2）故障分析

出现该故障所涉及的原因比较多，由于电热油汀的加热部件封装于电暖器内部，而且还密封于导热油中间，因此电热部件不容易损坏，因此电热油汀的故障维修主要集中在外部的控制部件。

（3）维修方法及步骤

根据故障分析，可采用万用表测量法、设备拆解观察法和更换元器件法来完成对故障可能性的检测与确认，以便选择合理的故障排除措施。上电后不发热的故障维修方法见表1—2—4。

表1—2—4 电热油汀上电后不发热的故障维修方法

步骤	检查内容	维修方法
1	检查熔断器	用万用表电阻挡测量熔断器是否损坏，若熔断器烧断，则更换熔断器
2	检查电加热器	用万用表电阻挡测量电加热器是否损坏，若损坏则更换
3	检查开关	用万用表电阻挡测量开关是否损坏，若开关失灵，则更换开关
4	检查电源线路	检查各接头和电源插座连接是否牢靠，用万用表检查线路是否存在短路或断路现象，并加以修复排除

2. 石英管式取暖器故障的维修

（1）故障现象

插上电源，石英管式取暖器整机不通电、不加热和不摇头。

（2）故障分析

出现该故障所涉及的原因比较多，主要包括电源故障和元器件损坏等。

（3）维修方法及步骤

根据故障分析，可采用万用表测量法和更换元器件法来完成对故障可能性的检测与确认，以便选择合理的故障排除措施。石英管式取暖器上电后不通电、不加热和不摇头的故障维修方法见表1—2—5。

表 1—2—5　石英管式取暖器上电后不通电、不加热和不摇头故障维修方法

步骤	检查内容	维修方法
1	检查电源部分	用万用表交流电压挡测量电源插座是否存在故障或发生停电现象，若有故障，更换一个插座试机
2	检查熔断器	若熔断器烧断，更换同型号熔断器
3	检查定时器	若定时器损坏，则更换定时器
4	检查倾倒保护开关	若倾倒保护开关损坏，则更换倾倒保护开关

除了本任务中已经检修的故障外，电热取暖器常见的故障现象还有很多，其他常见故障的故障原因及维修方法见表 1—2—6。

表 1—2—6　电热取暖器其他常见故障的故障原因及维修方法

故障现象	故障原因	维修方法
不能摇头	1. 摇头开关损坏 2. 摇头电动机损坏 3. 电路导线及连接件故障	1. 更换摇头开关 2. 更换摇头电动机 3. 找出断路处并排除
送风机本体的温度过高	1. 进出气口堵塞 2. 调温器失灵 3. 熔断器额定电流过大	1. 清除异物，畅通风道 2. 修复，必要时更换调温器 3. 更换规定规格的熔断器
不吹暖风	1. 电热丝断路 2. 熔断器烧断 3. 内部接线松动 4. 电热开关失灵	1. 修复或更换电热丝 2. 更换熔断器 3. 重新接好并紧固 4. 修复或更换电热开关
无风	1. 风扇电动机不转 2. 风扇与电动机轴打滑 3. 风扇电路断路 4. 风扇卡死 5. 风道堵塞	1. 可能是风扇电路或电动机本身故障，确定原因并排除 2. 重新紧固螺钉 3. 找出断路处并排除 4. 找出障碍处并排除 5. 查找风道堵塞处，清除异物
升温慢	1. 风扇叶片变形 2. 风扇动平衡差 3. 节气阀没打开 4. 调温器失灵	1. 重新校正叶片 2. 进行动平衡校正 3. 打开节气阀并调至适当位置 4. 找出故障处并排除，必要时更换调温器

续表

故障现象	故障原因	维修方法
自身过热	1. 温控元器件失灵 2. 熔断器额定电流过大	1. 更换温控元器件 2. 更换规定规格的熔断器
外壳带电	1. 外壳未接地 2. 地线虚接 3. 电气部分绝缘不良 4. 电气部分受潮漏电	1. 接好地线 2. 检查地线并重新接好 3. 找出绝缘不良处，并重新进行绝缘处理 4. 待晾干后再检查使用

知识拓展

双金属片的温控原理

固体的热膨胀不仅与温度升高的多少有关，还与物体的原长以及组成物体的物质有关。把两种大小相同而热膨胀系数不同的金属片（如铜片和铁片）铆在一起，做成双金属片，由于铜的热膨胀系数比铁的大，当加热双金属片时，虽然升高的温度相同，但钢片的伸长量大，于是双金属片向铁片一侧弯曲。待冷却后，又恢复到平直状态。

双金属片温控装置是一种手动（通过调节杆）和自动相结合的温度控制装置，它由支杆、热金属片、压板和调节杆等几部分组成，通过旋转调节杆改变压板对热金属片的压力来设定温度，显然压力越大，相应的设定温度越高。当达到设定温度时，双金属片发热变形使动、静触点分开，从而切断加热元器件的电源，达到控制温度的目的。

任务评价

根据任务考核评分表（见表 1—2—7）进行任务评价。

表 1—2—7　　任务考核评分表

评价项目	评价标准	配分	自我评价	小组评价	教师评价
职业素养	安全意识、责任意识、服从意识强	5			
	积极参加教学活动，按时完成各项学习任务	5			
	团队合作意识强，善于与人交流和沟通	5			
	自觉遵守劳动纪律，尊敬师长，团结同学	5			
	爱护公物，节约材料，工作环境整洁	5			

续表

评价项目	评价标准		配分	自我评价	小组评价	教师评价
专业能力	能说出电热取暖器的结构		10			
	理解石英管式取暖器、电热油汀及暖风机的加热和控制原理		10			
	能正确拆装石英管式取暖器、电热油汀及暖风机		15			
	能准确判断电加热器、温控器、超热保护控制器、风扇电动机等器件的好坏		20			
	能正确分析电热取暖器常见故障的原因并排除故障		20			
合计			100			
总评	自我评价 × 20% + 小组评价 × 20% + 教师评价 × 60%=__________		综合等级	教师（签名）：		

注：学习任务考核采用自我评价、小组评价和教师评价三种方式，考核分为 A（90~100）、B（80~89）、C（70~79）、D（60~69）、E（0~59）五个等级。

任务 3　电热淋浴器原理与维修

学习目标

知识目标

1. 了解储水式电热淋浴器的分类。
2. 了解储水式电热淋浴器的结构。
3. 理解储水式电热淋浴器的加热和控制原理。

能力目标

1. 能正确拆装电热淋浴器。
2. 能识别电热淋浴器主要元器件并判断其好坏。
3. 能排除电热淋浴器的常见故障。

任务引入

热水器作为现代家庭生活中的一种清洁器具，是指通过各种物理原理，在一定时间内使冷水温度升高变成热水的一种装置，按照工作原理不同可分为电热水器、燃气热水器和太阳能热水器三种。以电作为能源进行加热的热水器通常称为电热淋浴器。它具有结构简单、热效率高、无污染、使用方便等优点，广泛应用于家庭、宾馆、医院、理发店等场所。下面主要介绍家庭中使用较多的储水式电热淋浴器，通常它的水箱容积在 30 L 以上，功率超过 1 000 W。储水式电热淋浴器的外形如图 1—3—1 所示。

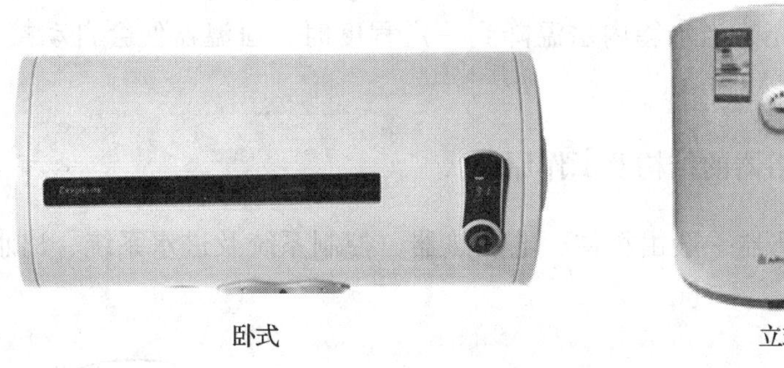

图 1—3—1　储水式电热淋浴器

本任务首先介绍储水式电热淋浴器的结构和工作原理。然后在教师带领下拆装储水式电热淋浴器，熟悉储水式电热淋浴器的结构及主要器件，掌握它的拆卸、安装方法，了解其工作原理及典型电路。最后进行储水式电热淋浴器的电加热器、温控器、超热保护控制器、漏电保护器等主要部件的检测，判断它们的好坏，并从故障现象出发，分析故障原因，掌握排除电热淋浴器常见故障的方法。

知识准备

一、储水式电热淋浴器的分类

电热淋浴器的品种和规格很多，分类的方法也有多种。按储水方式不同，可以分为储水式和流水式两种；按对水的加热方式不同，可分为即热式和容积式（又称储水式或储热式）、速热式（又称半储水式）三种，家庭用电热淋浴器绝大部分是储水式电热淋浴器。

1. 流水式电热淋浴器

流水式电热淋浴器没有储水箱，直接加热流动中的水。当自来水流经电热元器件时，水即被加热。流水式电热淋浴器又称即热式电热淋浴器，它加热迅速、热效率高、体积小，通电后打开水阀门仅需几秒至十几秒便有 40 ~ 60℃的热水流出，流量一般在 60 ~ 150 L/h。

2. 储水式电热淋浴器

储水式电热淋浴器有一个储水箱，利用电热元器件将水箱中的水加热到一定温度后使用。储水式电热淋浴器往往体积较大，一般家庭使用的有 30 L、50 L、60 L 等不同规格。使用时先打开冷水阀，再打开冷热水混合阀下面的自来水阀，当水位上升到喷头有水流出时应关闭进水阀，接通电源进行加热，加热过程中水箱内的水会自动循环，当水温达到预选的温度（一般为 50～77℃）时，恒温器会自动切断电源，停止加热。由于箱内水温一般均高于使用值，所以使用时要开启冷热水混合阀，切忌打开热水阀直接使用。用毕，先关热水阀再关冷水阀，防止烫伤。在使用过程中，水箱内热水流出，冷水会自动补充，当水箱内水温降到一定程度时，恒温器便会自动接通电源再次加热。

二、储水式电热淋浴器的结构及工作原理

储水式电热淋浴器一般由箱体、电加热器、控制系统及进水系统、出水系统组成，如图 1—3—2 所示。

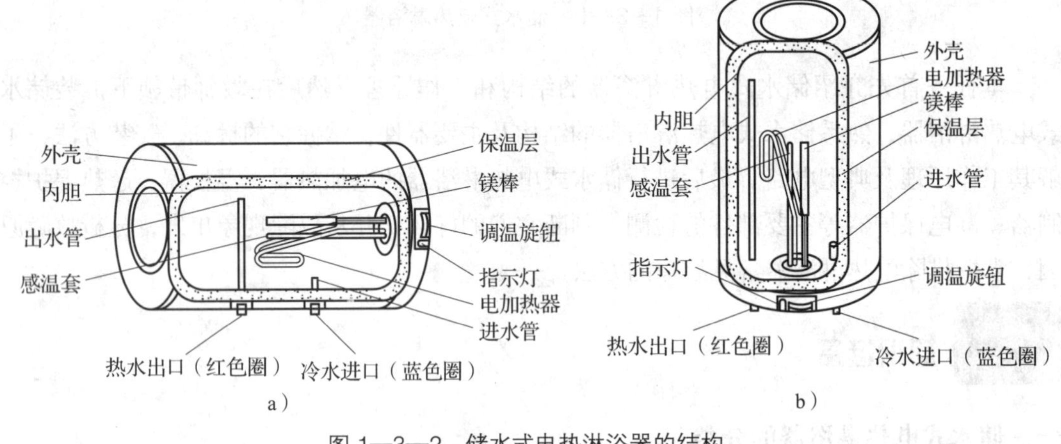

图 1—3—2　储水式电热淋浴器的结构

a）卧式　b）立式

1. 箱体

箱体由外壳、内胆及保温层等构成，主要起支承、储水及保温的作用。外壳一般用优质薄钢板冲制而成，表面喷涂作防锈处理，淋浴器的大部分部件都安装在外壳上。内胆是盛水的容器，对水的加热也在其中进行。内胆常用的材料有镀锌铁板、不锈钢板和内涂搪瓷的钢板三种。其中优质钢板内涂高石英搪瓷制成的内胆因具有不易结污垢、耐腐蚀、水质好、保温性能好等优点被广泛使用。在内胆的中心位置有一根金属镁棒，主要用于保护金属水箱不被腐蚀，并阻止水垢的形成。镁是一种化学性质较活泼的金属，其原子结构外层的两个电子容易失去，而与酸根相结合生成可溶性盐。当水中的酸根与镁作用生成镁盐后，水的酸碱度也随之降低，从而保护水箱不被腐蚀。外壳与内胆之间设有保温层，一般

可采用聚氨酯发泡材料、玻璃棉、石棉、纤维、毡和软木等保温材料。其中以高密度聚氨酯发泡材料填充的保温层保温效果最好。

2. 电加热器

储水式电热淋浴器上的电加热器多采用管状结构。为提高热效率，一般采用内插式，即直接将其放在水中加热。形状可根据内胆结构弯成U形或其他形状，如图1—3—3所示。带有金属镁棒的镁棒一般安装在电加热器的底板上，如图1—3—3b所示。电加热管由三层构成，最内层为电阻丝，中间层为耐高温绝缘氧化镁粉，外层为耐高温的不锈钢管。电阻丝为直接发热元器件，耐高温绝缘氧化镁粉在高温下起到绝缘作用，以保证电加热管的安全性。电加热器内部结构如图1—3—4所示。

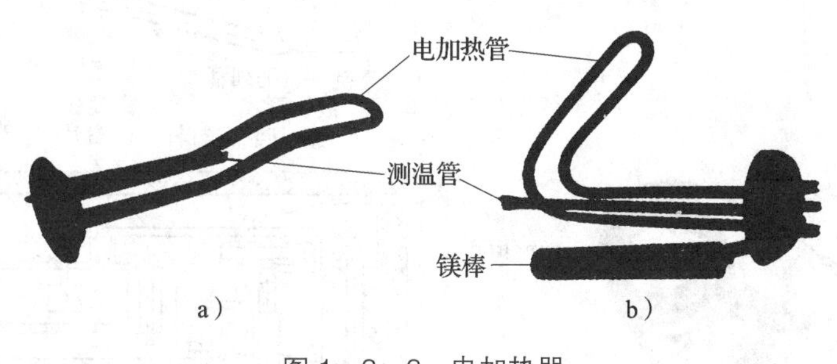

图1—3—3　电加热器

a）不带金属镁棒　b）带金属镁棒

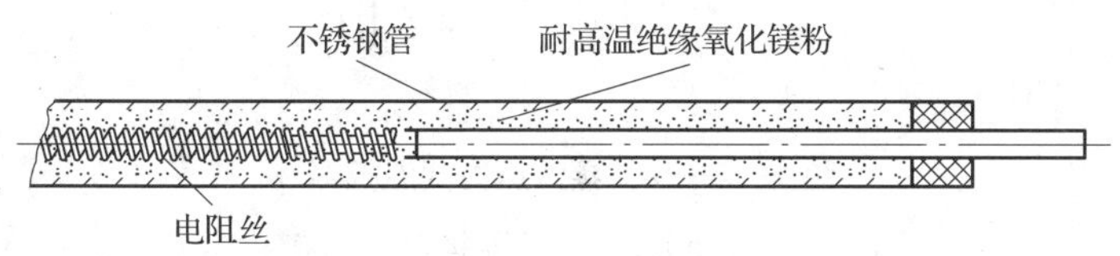

图1—3—4　电加热器内部结构

如电加热器使用时间过长，在金属管外表面会结污垢。不仅影响热传递，而且还易产生漏电现象。有的淋浴器用高压耐热的陶瓷发热器取代电加热器，它通过钢板与水隔离，通电后先加热其周围的空气，然后通过钢板对水加热，使水电分离，减少漏电的隐患。

3. 控制系统

电热淋浴器的控制系统主要包括温控器、超热保护控制器及漏电保护器等。温控器有双金属片式、蒸汽压力式及电子式三类。双金属片式温控器的结构和控制原理与电饭锅中用于保温的同类温控器类似，电子式温控器一般用在计算机控制型电热淋浴器上。下面重点介绍使用较多的蒸汽压力式温控器（又称机械式温控器）。

蒸汽压力式温控器如图1—3—5所示。它主要由感温元器件、机械结构、触点等组成。感温元器件由感温头、波纹管式感温腔等组成封闭系统，内充感温剂（酒精或煤油）。安装时，温控器的感温头置于电加热器的测温管内，用于感受内胆中的水温变化。在加热过程中，水温升高，温控器封闭系统内的感温剂压强增大，波纹管式感温腔膨胀。在膨胀过程中感温腔有力作用在杠杆上。当温度升高到某一值时，感温腔的压力使杠杆转动，带动触点断开，切断电加热器的电源，停止加热，水温下降，感温剂压强减小，感温腔回缩，作用在杠杆上的力减小。当温度下降到某一值时，杠杆带动触点闭合，电加热器又重新通电加热。如此循环往复，使水箱中的水保持在设定的温度范围内。转动调温螺杆，可以改变作用在杠杆上的预置压力，从而改变动作温度。

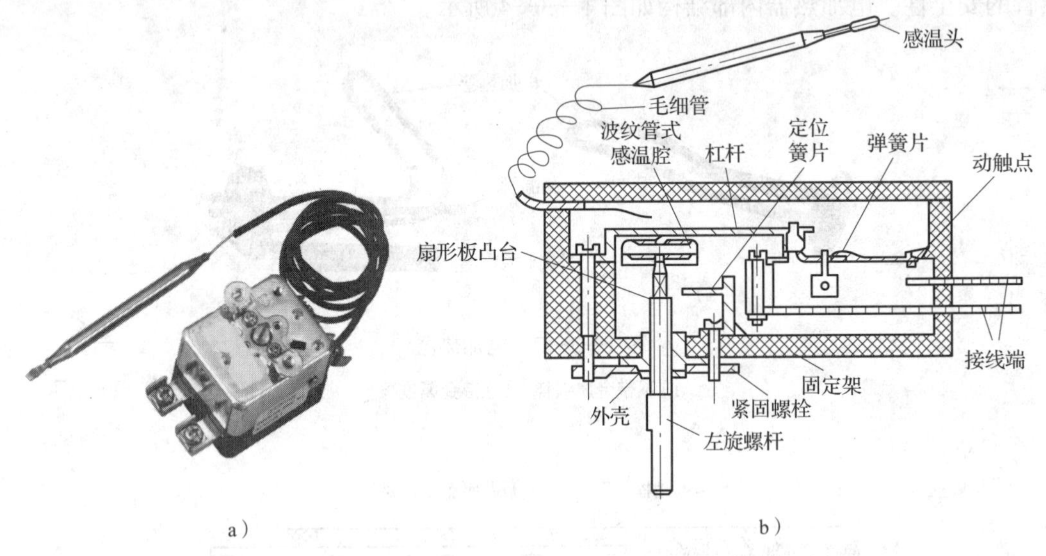

图 1—3—5　蒸汽压力式温控器

a）实物　b）结构

有的电热淋浴器上采用直杆式温控器，如图 1—3—6 所示。它安装在电加热器的底板上，两个电极直接插入电加热器的插孔中，测温杆伸入电加热器测温管内。它内部的感温元器件为双金属片，由金属测温杆将热量传递给双金属片。当温度升高到设定值时，双金属片变形，带动触点断开，使电加热器断电。随着温度的降低，双金属片渐渐恢复。当温度降到复位值时，触点重新闭合，电加热器重新得电。直杆式温控器的动作温度一般在 30±5～75±5℃范围内连续可调。在直杆式温控器的内部含有超热保护控制器，它的动断触点断开温度为 95℃左右。

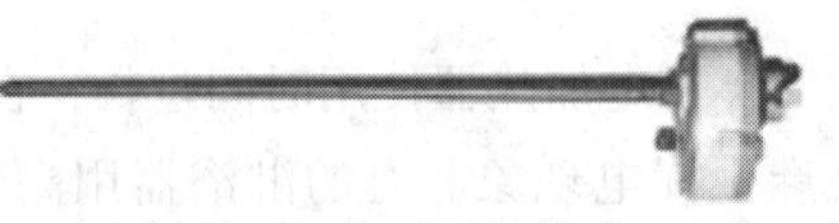

图 1—3—6　直杆式温控器

储水式电热淋浴器通常将漏电保护器与插头连成一体，触点为双路通断控制，并设有试验按钮、复位按钮、指示灯等，如图 1—3—7 所示。它将 15 mA 作为危险电流，超过这一数值时，漏电保护器动作。正常情况下，流过保护器磁环的电流大小相等、方向相反，磁环检测线圈无感应电流信号，电加热器正常工作。当电热淋浴器漏电且漏电电流超过 15 mA 时，磁环中的电流不平衡，磁环检测线圈感应出漏电信号，并输出信号到控制器，由控制器使继电器的触点断开，切断主电路电源。

超热保护控制器的作用是防止温控器突然失灵导致的水温过高甚至沸腾，或防止干烧出现事故。常用的超热保护控制器如图 1—3—8 所示，它能同时控制两路电源线。内部的感温元器件是一个碟形双金属片。超热保护控制器的动作温度一般为 95℃。安装时，它紧贴在电加热器的底板上，直接感受电加热器的温度。温度正常时，内部两个触点都是闭合的。当电加热器的温度出现异常情况，如达到 95℃时，超热保护控制器内部的碟形双金属片突然翻转，带动动断触点断开，直接切断电加热器的电源。超热保护控制器一般不会自动复位，只有用手按下位于其中心处的复位按钮，触点才会重新闭合。因为它是电热淋浴器上的一种保护装置，一旦它动作，说明电热淋浴器必定存在故障。所以绝对不能简单按复位按钮后即通电。只有找到故障原因，并排除故障，才能进入正常工作状态。

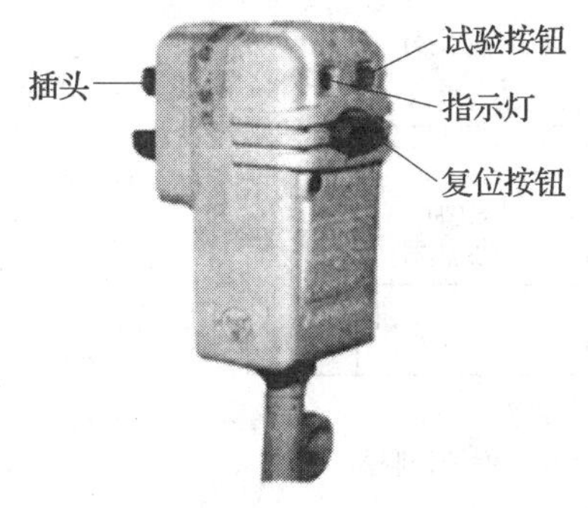

图 1—3—7　漏电保护器

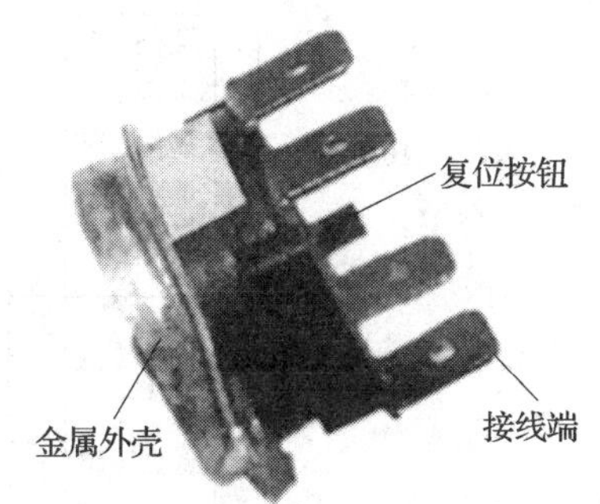

图 1—3—8　超热保护控制器

如图 1—3—9 所示是一个采用碟形双金属片超热保护控制器的电热淋浴器电路。温控器设置在加热位置，接通电源后，220 V 电压通过超热保护控制器、温控器对电加热器和加热指示灯同时供电，电加热器开始加热，指示灯点亮，表示当前处于加热状态。当水温达到温控器设定的温度时，温控器触点断开，切断电加热器 L 极（即相线），停止加热，同时指示灯熄灭。过一段时间后，内胆的水温降到低于温控器的复位温度（一般比动作温度低 5℃左右）时，温控器的触点自动闭合，电加热器和指示灯重新得电。这样周而复始，使内胆中的水温始终保持在设定温度附近。当内胆中无水或温度过高时，超热保护控制器断开，切断电源。电热淋浴器上任何电气部件漏电或其他原因漏电，漏电保护器都会动作，断开电源，停止工作。

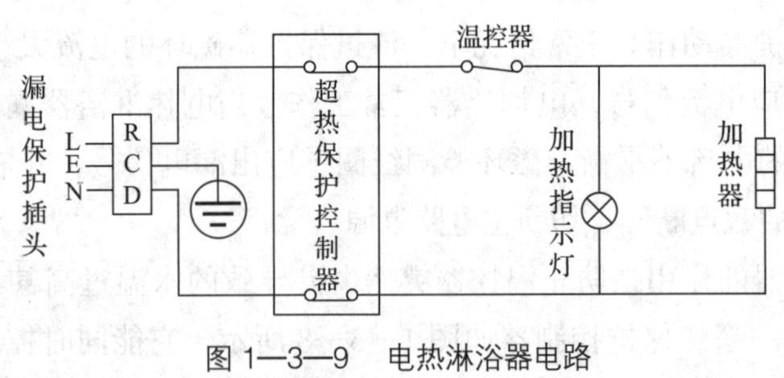

图 1—3—9　电热淋浴器电路

有的电热淋浴器上的防干烧保护装置由干簧管热敏开关配合漏电保护器动作。当淋浴器处于干烧状态且温度升高到 93 ± 5℃时，干簧管热敏开关双金属片变形，带动触点断开，使漏电保护器中产生不平衡电流，漏电保护器动作，触点断开，电加热器断电，如图 1—3—10 所示。它具有漏电保护、防干烧保护、超温保护、泄压安全阀保护等多种保护功能。当电热淋浴器带漏电保护功能的插头通电时，插头上的加热指示灯点亮，电加热器通电加热。当水温达到预置温度时，温控器触点断开，电加热器断电停止加热，同时指示灯熄灭。当水温比预设温度低 7℃左右时，温控器触点闭合，电加热器重新通电。

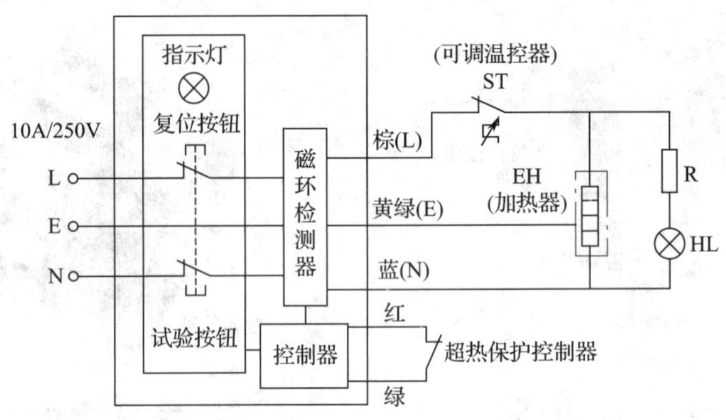

图 1—3—10　带有防干烧保护功能的电热淋浴器电路

4. 进、出水系统

进、出水系统由进水管、出水管、单向阀、安全阀和淋浴头等组成。储水式电热淋浴器通常将单向阀和安全阀组合在一起，如图 1—3—11 所示。这一组合阀能起到以下几个作用：一是反向截止作用，即冷水只能进入内胆，内胆里的水不能从进水口流出，可以防止自来水停水时内胆里的水倒流到水管中，引起电加热器干烧而损坏；二是内胆中水压过高时安全泄压；三是在拆卸或维修时，可以用来排空内胆中的水。

淋浴器工作时，自来水的压力使单向阀弹簧被压缩，单向阀芯上移，自来水经安全阀进入内胆。单向阀芯与单向阀胶圈共同作用防止内胆中的水倒流。安全阀的工作原理和单向阀是一样的。如内胆内压力升高，超过安全阀设定的安全压力值，则安全阀弹簧被压缩，安全阀胶垫座带动胶垫一起左移，过高的压力经安全阀排出，使内胆受到保护。压力调节盘用于调节泄压压力，该压力在出厂前就已经调好，维修过程中一般不允许改变安全阀的压力值。在拆卸或维修前，如要放掉内胆中的水，可通过安全阀实现。先关闭角阀，然后拆开连接软管，拉起安全阀手柄，内胆中水会从安全阀的出水口排出。

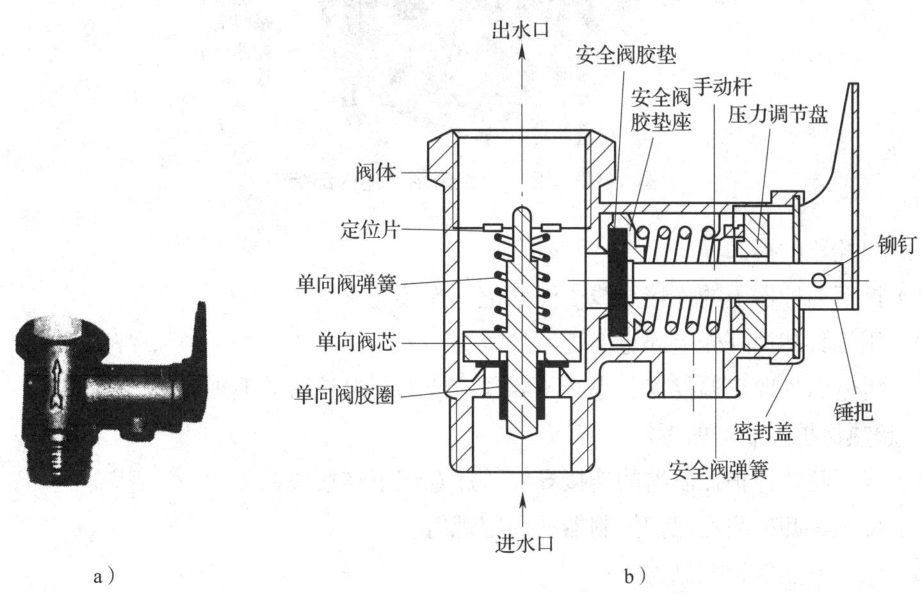

图 1—3—11　储水式电热淋浴器的安全阀

a）实物　b）内部结构

任务实施

一、器材准备

万用表、兆欧表、旋具、尖嘴钳、活扳手、电烙铁、焊锡丝、储水式电热淋浴器等。

二、实施过程

活动 1　电热淋浴器的拆装

电热淋浴器的拆装步骤如下：

1. 拆卸电热淋浴器

（1）拆下进、出水管，通过安全阀将内胆中的存水排放干净。

（2）从墙上固定处将淋浴器卸下。

（3）旋下端盖上的固定螺钉，然后卸下淋浴器外壳的端盖，可以观察到如图 1—3—12 所示的内部结构。

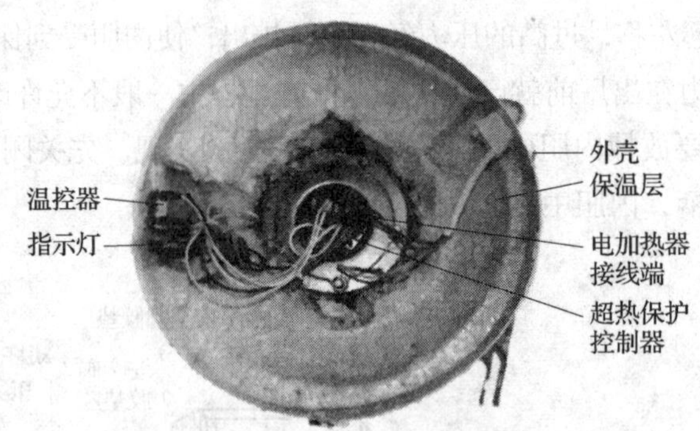

图 1—3—12　电热淋浴器的内部结构

2．温控器的拆卸

（1）拆下温控器上的连接导线（注意记下连接关系）。

（2）用旋具卸掉外壳上固定温控器的螺钉。

（3）慢慢向外取出温控器，小心不要硬拉或弯折温控器的毛细管。

3. 超热保护控制器的拆卸

（1）拔下超热保护控制器的连接导线（注意记下连接关系）。

（2）用旋具卸掉超热保护控制器的固定螺钉。

（3）取下超热保护控制器。

4. 电加热器的拆卸

将温控器和超热保护控制器拆掉后，便可拆卸电加热器。

（1）用扳手卸掉固定电加热器的螺母。

（2）取下压板。

（3）取出电加热器。

安装过程与拆卸过程相反。

活动 2　电热淋浴器主要器件的检测

1. 电加热器的检测

用万用表 $R\times1\ \Omega$ 挡检测电加热器的接线端，电功率在 1 000 W 以上的电加热器的电阻一般为几十欧，而且功率越大电阻越小。有的电热淋浴器有主、副两个电加热器。其中主电加热器的功率较大，电阻较小；而作为保温用的副电加热器的功率较小，电阻较大。若测量的结果为很大或∞，则表明电加热器断路。若测量结果为 0，则表明电加热器短路。此外，还可用万用表的高阻挡测量电加热器的带电部分与金属外壳之间的直流电阻，正常时应为∞。如阻值为几百千欧，表明该电加热器存在漏电故障，不能再使用。也可直接用 500 V 兆欧表测量电加热器的绝缘电阻，正常值应在 3 MΩ 以上。如检测到电加热器不正常，应更换。将测量结果填入表 1—3—1 中。

表 1—3—1　　测量结果

直流电阻 /Ω	接线端与金属外壳之间的电阻 /Ω	用兆欧表测得的绝缘电阻 /Ω

2. 温控器的检测

对于蒸汽压力式温控器，可用万用表 $R\times1\ \Omega$ 挡测量温控器内部动断触点的两个接线端。淋浴器上温控器的温控范围一般为 30～80℃。在某一设定温度时，触点闭合时两个接线端间的电阻为 0，触点断开时两个接线端间的电阻为∞。在室温下检测温控器时，可将调温旋钮调至较低温度处，如当时触点处于闭合状态，两个接线端间的电阻应为 0。然后，对温控器的感温管加热（如用电吹风对准感温管吹一段时间），随着温度的升高，温控器内部动断触点会动作，即两个接线端间的电阻变为∞。并且在触点转换时，能听到明显的“嗒”声。停止加热后一段时间，温控器又会复位，两个接线端间的电阻重新为 0，且又会发出“嗒”声。如果检测结果与此不符，说明温控器有故障，应更换。将测量结果填入表 1—3—2 中。

表 1—3—2　　测量结果

	万用表挡位	两接线端间电阻 /Ω	温控器触点状态
室温下检测			
加热后检测			

3. 超热保护控制器的检测

对于能同时控制两路的超热保护控制器，它的内部共有两个相互绝缘的动断触点、四个接线端。由于它的动作温度一般为 95℃。在室温下，两个触点都呈闭合状态。而且同一个触点的两个接线端之间的电阻应为 0，而与另一个触点的两个接线端间均应不通。这样很容易便能确定两个触点与四个接线端间的一一对应关系。在室温下，触点闭合并不能证明该超热保护控制器一定是好的，还需检查当温度升高到 95℃时，触点能否断开。这时可对它进行加热（如将超热保护控制器的金属外壳一面放到一个倒置的电熨斗上），如短时间内便能听到轻微的“嗒”声，而且用万用表检测它的两个触点，都已断开，说明该超热保护控制器完好。否则表明它已损坏，应予更换。

4. 漏电保护器的检测

漏电保护器可在其处于工作状态时检查。使漏电保护器处于合闸位置，灯亮，水温升高说明漏电保护器正常。有时漏电保护器会发生误动作，应注意观察，找出误动作原因。若漏电保护器合不上闸，应用万用表高阻挡依次检测超热保护控制器、温控器和电加热器的对地电阻。表针指向∞位置为正常；表针指向 0 为漏电，需找出漏电元器件并进行更换。若无漏电元器件，说明漏电保护器已损坏，需要更换。

活动 3　电热淋浴器的常见故障及维修

1. 故障现象

插上电源，电热淋浴器出水不热。

2. 故障分析

引起电热淋浴器出水不热的故障原因可能是电源损坏未能给热淋浴器供电或电加热器损坏等。

3. 维修方法及步骤

根据故障分析，可采用万用表测量法、设备拆解观察法和更换元器件法来完成对故障可能性的检测与确认，以便选择合理的故障排除措施。电热淋浴器上电后出水不热的故障维修方法见表 1—3—3。

表 1—3—3　电热淋浴器上电后出水不热故障维修方法

步骤	检查内容	维修方法
1	检查冷热水混合阀	适当调节冷热水混合阀的开度，使出水温度适合使用
2	检查电加热器	用万用表电阻挡测量电热元器件电阻（正常值为 24～48 Ω），若电阻为无穷大，说明电热元器件损坏，应更换
3	检查温控器	若温控器损坏，则修理或更换温控器

除了本任务中已经检修的故障外，电热淋浴器常见的故障现象还有很多，其他常见故障的故障原因及维修方法见表 1—3—4。

表 1—3—4　电热淋浴器其他常见故障的故障原因及维修方法

故障现象	故障原因	维修方法
加热正常，但指示灯不亮	1. 热指示灯连接处虚焊脱落 2. 指示灯损坏	1. 重新焊接或将接头牢固插上 2. 更换指示灯
出水温度太低	1. 供电电压太低 2. 温控器参数变化 3. 两个电加热器的淋浴器上，主电加热器断路	1. 供电正常后再使用 2. 更换温控器 3. 检查确认后更换主电加热器
通电后不加热，指示灯不亮	1. 电源插座无电压 2. 存在漏电现象，漏电保护器复位弹起 3. 温控器损坏 4. 超热保护控制器动作后未复位	1. 检查电源插座，如有断路则排除故障 2. 查找漏电故障原因后更换漏电器件 3. 检查温控器，确认损坏后更换 4. 检查超热保护控制器，按复位按钮使它的触点闭合

续表

故障现象	故障原因	维修方法
加热器指示灯亮，但不加热	1. 电加热器接触不良 2. 电加热器断路	1. 检查电加热器的连接情况，使之可靠连接 2. 检测电加热器，如损坏则更换
虽长时间加热，但温度上升很慢	1. 两个电加热器的淋浴器上，主电加热器断路 2. 淋浴器长期不清理，电热管外结有较厚的水垢，影响热交换 3. 出水口未关紧，热水不断流失	1. 检查确认后更换主电加热器 2. 清理淋浴器内部及电热管，如结垢严重无法去除，则更换电加热器 3. 旋紧连接螺母，关好热水阀，确保出水口封闭
通电后一直加热，温控器不动作，直至超热保护控制器动作才停止	1. 蒸汽压力式温控器感温剂泄漏使温控器失灵 2. 温控器触点粘连	检测确认后更换温控器，如超热保护控制器需手动复位，则应按下复位按钮
一接通电源，漏电保护器即动作	1. 保护接地未接好 2. 淋浴器存在漏电故障 3. 漏电保护器失灵	1. 检查接地情况，使淋浴器可靠接地 2. 断电后检查电气线路及电加热器、温控器、超热保护控制器等电气元器件，找到原因后排除故障 3. 检查漏电保护器，确认损坏后更换
淋浴器箱体漏水	1. 加热器紧固件松动，造成密封不良而产生渗漏 2. 密封圈破损或老化 3. 内胆破裂	1. 拆开后检查密封情况，如有松动则上紧螺母 2. 检查确认后更换密封圈 3. 更换内胆
淋浴器外壳异常发热	1. 保温材料失效 2. 温控器参数变化，使水温过高 3. 淋浴器内部电气线路中有连接处接触不良，存在接触电阻而发热	1. 填充或更换保温材料 2. 检查温控器，确认损坏后更换 3. 检查电气线路，确保每一个接点都能可靠连接

任务评价

根据任务考核评分表（见表 1—3—5）进行任务评价。

表 1—3—5　　任务考核评分表

评价项目	评价标准	配分	自我评价	小组评价	教师评价
职业素养	安全意识、责任意识、服从意识强	5			
	积极参加教学活动，按时完成各项学习任务	5			
	团队合作意识强，善于与人交流和沟通	5			
	自觉遵守劳动纪律，尊敬师长，团结同学	5			
	爱护公物，节约材料，工作环境整洁	5			
专业能力	能说出电热淋浴器的结构	10			
	理解电热淋浴器的加热与控制原理	10			
	能正确拆装电热淋浴器	15			
	能准确判断电加热器、温控器、超热保护控制器、漏电保护器等器件的好坏	20			
	能正确分析电热淋浴器常见故障原因并排除故障	20			
合计		100			
总评	自我评价 × 20% + 小组评价 × 20% + 教师评价 × 60%=＿＿＿＿＿	综合等级	教师（签名）：		

注：学习任务考核采用自我评价、小组评价和教师评价三种方式，考核分为 A（90~100）、B（80~89）、C（70~79）、D（60~69）、E（0~59）五个等级。

任务 4　电热饮水机原理与维修

学习目标

知识目标

1. 了解电热饮水机的结构。
2. 理解温热型电热饮水机的加热及工作原理。
3. 了解冷热型电热饮水机的结构及工作原理。
4. 了解电热开水壶的结构及工作原理。

能力目标

1. 能正确拆装温热型电热饮水机。
2. 能识读电热饮水机的电路图。

3. 能识别温热型电热饮水机的主要器件并判断其好坏。

4. 能排除温热型电热饮水机的常见故障。

任务引入

随着生活水平的提高，以及生活、工作节奏的加快，人们对饮用水的要求也提高了，既要求水质好，又要求随时能提供新鲜的热水，因此电热饮水机走进了千家万户和众多办公场所。

电热饮水机是利用电能，将桶（瓶）装的直接饮用水（纯净水、矿泉水等）或经过净化装置处理过的生活用水通过其内部的制冷系统和制热系统达到制备冷水、热水功能的电器。目前市场上销售的电热饮水机样式很多，主要类型如图 1—4—1 所示。

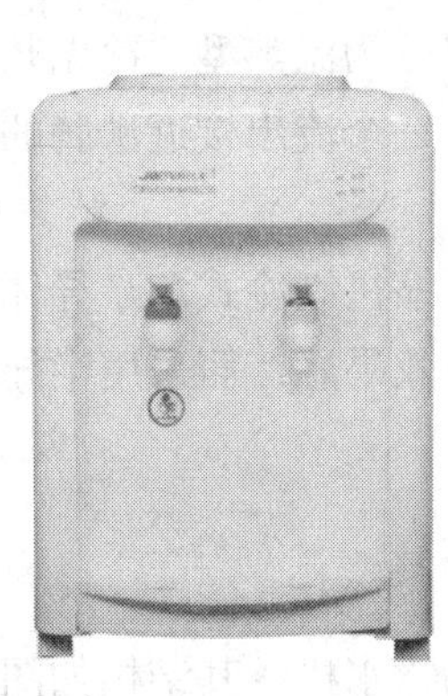

台式温热型电热饮水机

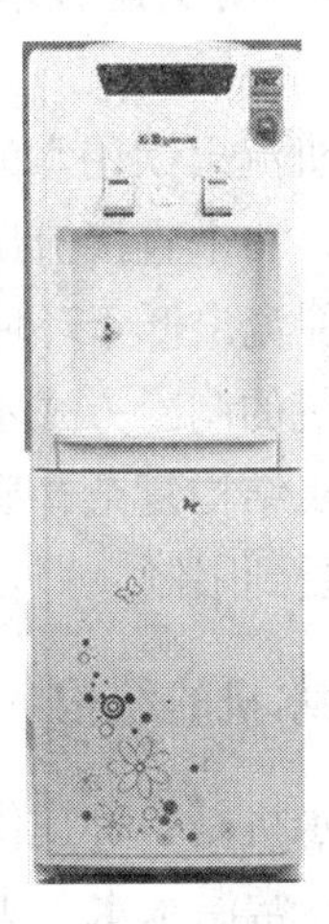

立式温热型电热饮水机

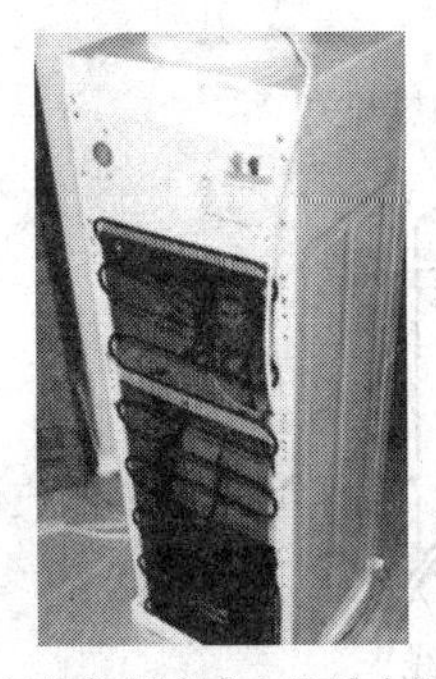

压缩机制冷式电热饮水机

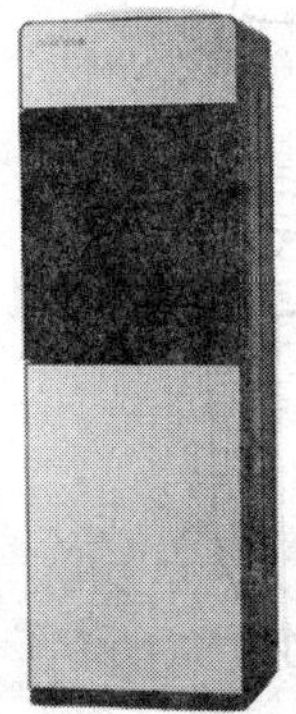

半导体制冷式电热饮水机

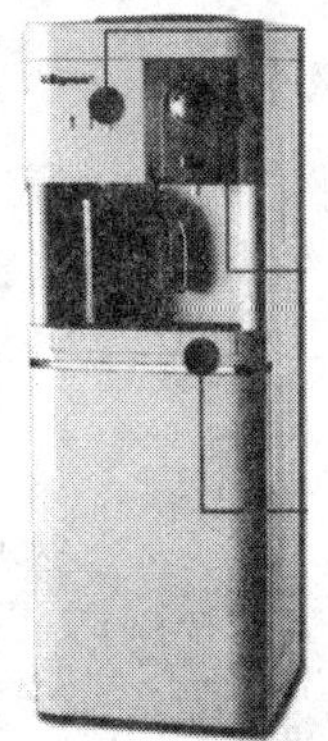

带消毒柜电热饮水机

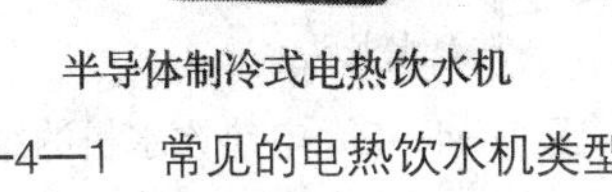

图 1—4—1　常见的电热饮水机类型

本任务首先介绍温热型电热饮水机的结构和工作原理。然后在教师带领下拆装温热型电热饮水机，熟悉温热型电热饮水机的结构及主要器件，掌握它的拆卸、安装方法，了解其工作原理及典型电路。最后进行温热型电热饮水机的电加热器、温控器等主要部件的检测，判断它们的好坏，并从故障现象出发，分析故障原因，掌握排除电热饮水机常见故障的方法。在此基础上，了解冷热型电热饮水机和电热开水壶的结构及工作原理。

知识准备

一、电热饮水机的分类及特点

根据电热饮水机的外形不同，可分为台式饮水机和立式饮水机。立式饮水机下部装有一个储物柜，用于盛放水具和茶叶等物品，高档饮水机的储物柜一般设计成消毒柜。

根据电热饮水机流出饮用水的水温不同，可以分为温热型、冷温热型两种。温热型饮水机有两个水龙头，一个直接流出常温的饮用水，一个流出接近沸腾的饮用水。冷温热型的饮水机还有一个能流出低于环境温度的冷水。

根据电热饮水机的制冷方式不同，可以分为压缩机制冷式和半导体制冷式两种。采用压缩机制冷的饮水机结构复杂，质量大，但是制冷效果好，而采用半导体制冷的饮水机质量小，但制冷功率受到限制。

二、温热型电热饮水机的结构

温热型电热饮水机是一种提供常温水和热水的饮水机，其结构如图1—4—2所示，主要由箱体、聪明座、常温水水龙头、热水水龙头、接水盘、加热装置等部分组成。

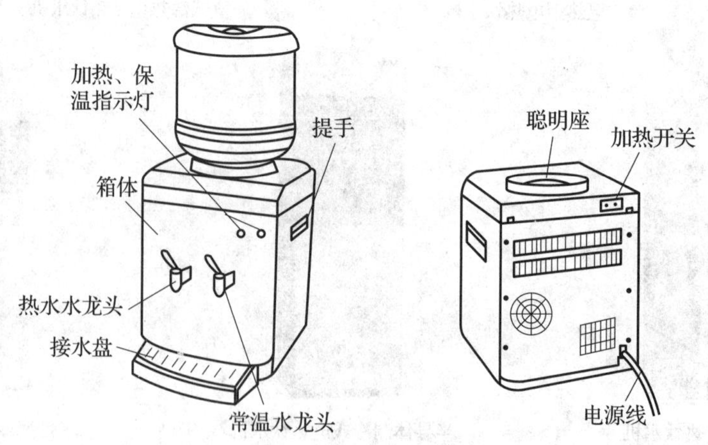

图1—4—2　电热饮水机的结构

聪明座用于安装桶装水。温热型电热饮水机上通常有三个发光二极管指示灯，一个作通电指示，另两个分别作加热和保温状态指示。水龙头是饮水机的出水装置，饮水机上的水龙头有两个：常温水水龙头提供未经加热的水，热水由热罐制热后经热水水龙头流出。热水的温度一般为 85～90℃。接水盘用来放置接水的杯子。饮水机上用得最多的是杠杆式水龙头，其外形如图 1—4—3 所示，其内部结构如图 1—4—4 所示。它主要由按手、主体、压盖、压簧、传动轴、胶塞等组成。

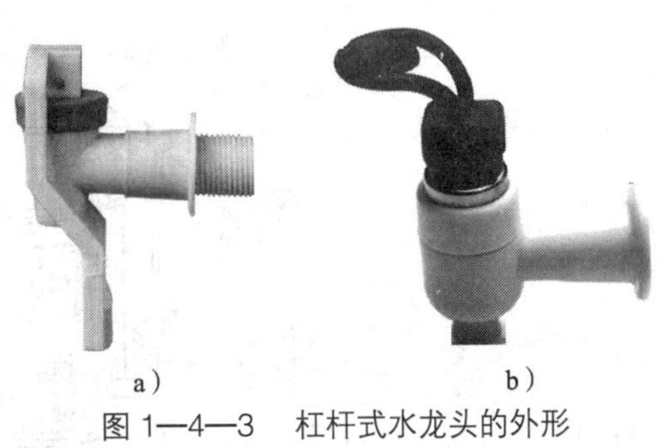

图 1—4—3　杠杆式水龙头的外形

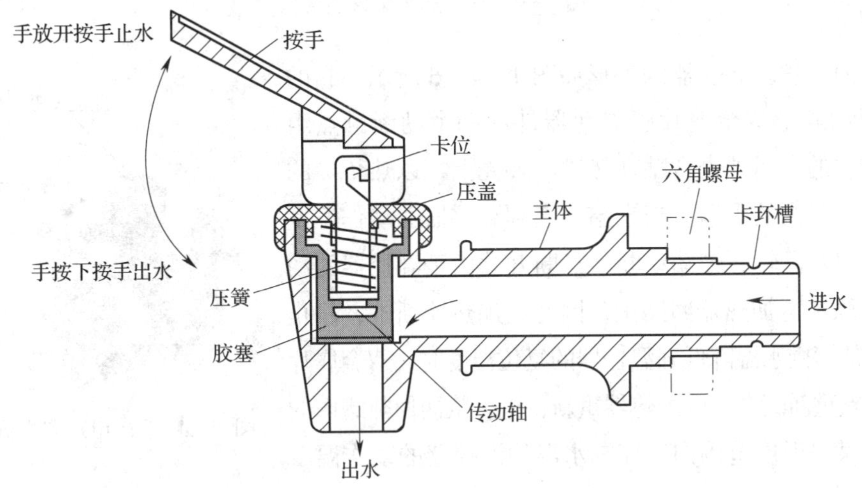

图 1—4—4　杠杆式水龙头的内部结构

按手用蓝色或红色塑料注塑成形。主体和压盖由白色 PP 塑料注塑成形。压簧采用直径为 1 mm 左右的不锈钢丝绕成塔形，具有良好的弹性。传动轴顶在弹性较好的无毒橡胶胶塞上。当人的手指用力压按手（相当于杠杆）一端时，按手绕支点转动，使传动轴带动胶塞上移，打开出水口，水从出水口流入杯中。松手后，胶塞在压簧的作用下复位，压住出水口，停止出水。

温热型电热饮水机的加热装置的结构如图 1—4—5 所示，它主要由热罐、电热管、温控器及保温壳等组成。热罐用不锈钢制成，内装功率为 500 W 以上的不锈钢电热管。在热罐的外面包裹着保温材料。保温材料的材质有的是海绵，有的是泡沫塑料。加热器一般安装在热罐的底面上。

在热罐的外面还安装着 2～3 个温控器。其中 1～2 个温控器用于控制水温，1 个温控

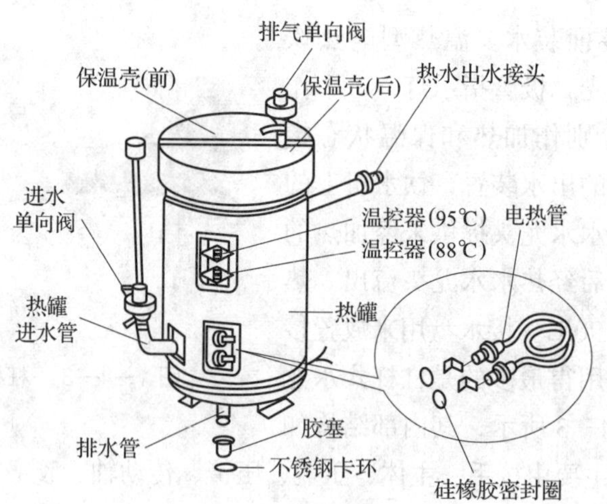

图 1—4—5　加热装置的结构

器用于超温保护。温控器的外形如图 1—4—6 所示。它的内部主要由碟形双金属片感温元器件和一个动断触点组成。温控器的金属外壳紧贴在热罐的外壳上，以热传导的方式感受热罐内的水温。当水温升高到温控器的动作温度时，双金属片翻转，带动动断触点断开。由于温控器的动断触点串联在电加热器回路中，因此电加热器断电，停止加热。当热罐内水温降低到温控器的复位温度时，双金属片复位，触点重新闭合，电加热器重新得电，从而使热罐内的水保持在某一温度范围内。控制水温的温控器的动作温度为 88℃左右，超温保护的温控器的动作温度为 95℃左右。正常情况下，只有控制水温的温控器起作用。一旦它失灵，水温达到 95℃，超温保护温控器的触点断开，切断电加热器的电源。这样便可防止热罐内的水沸腾。有的超温保护温控器为手动复位型，一旦动作后，不会自动复位，只有按下位于温控器中心处的复位按钮，才可使温控器内的触点闭合。

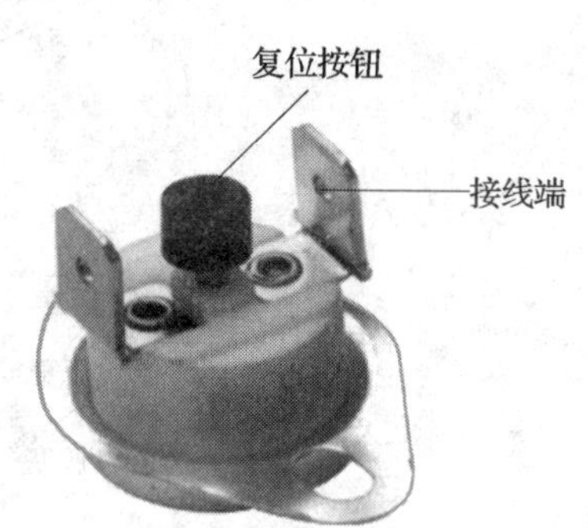

图 1—4—6　电热饮水机的温控器

电热饮水机的热罐是在密封状态下加热的。加热过程中，大量水分子进行不规则运动，水分子碰撞热罐内壁会发出噪声。而且温度越高，水分子无规则热运动越剧烈，发出的撞击噪声也越大。为降低饮水机的噪声，有的生产厂家推出了超静音饮水机。它可以将噪声由 65 dB 降到 35 dB 以下。

超静音温热型饮水机的加热部件的结构与普通温热型饮水机的基本相同，只是将电加热管改为立式安装；并采用三位温控器支架，从上至下依次安装 95℃手动复位温控器和 88℃、81℃自动复位温控器。温控器的动作温度从高温到低温排列，可使温控器感受电热管温度后，起到分级断电的作用，从而实现超静音加热的目的。

三、普通温热型电热饮水机的工作原理

1. 普通温热型电热饮水机的电路原理图

普通温热型电热饮水机的典型电路原理图如图 1—4—7 和图 1—4—8 所示。

2. 普通温热型电热饮水机的工作过程

如图 1—4—7 所示，插上电源插头，接通电源开关，由于常温下温度控制开关 ST1 与保护开关 ST2 均闭合，220 V 的市电经过电源开关 SA、熔断器 FU，加至电源指示灯 VD1、加热指示灯 VD2 和加热器 EH。加热器开始工作，加热热罐中的水，同时电源指示灯 VD1 与加热指示灯 VD2 均点亮。

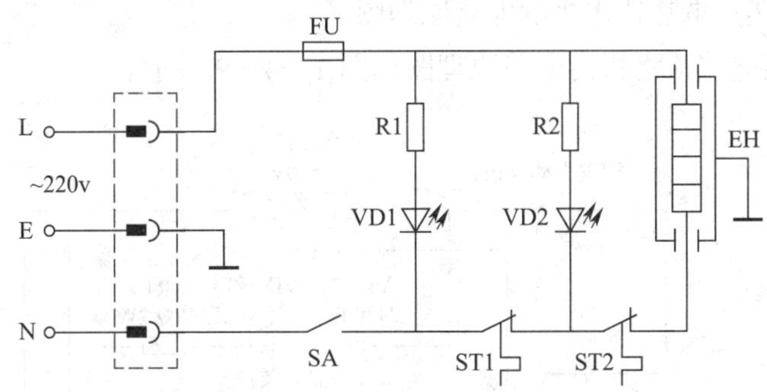

图 1—4—7　普通温热型电热饮水机的电路原理图（一）

当热罐中的水温升至控制温度 95℃左右时，温控开关 ST1 触点断开，加热器 EH 失电，停止加热。同时加热指示灯 VD2 也熄灭。但是电源指示灯 VD1 仍然点亮。当热水罐中的水温下降到 85℃左右时，双金属片温度开关 ST1 再次闭合，加热器 EH 与加热指示灯 VD2 再次得电，热罐中的水再次被加热到 90℃附近进入保温状态。

如果温度开关 ST1 意外损坏，不能正常切断加热器的供电，热水罐中的水会进一步加热升温，当热水罐中的水意外烧开后，温度升至 105℃时，保护开关 ST2 触点断开，停止对加热器的供电，防止加热器干烧而损坏。ST2 不会自动复位，只有用手按动超温保护温控器的复位开关才能恢复供电。

如图 1—4—8 所示是另一种典型的温热型电热饮水机的电路图，它主要分为加热电路和指示电路两部分。EH 是加热器，ST1 是自动复位温控器，ST2 是手动复位温控器，发光二极管 VD2 和 VD4 分别作通电指示和加热指示。与 VD2、VD4 串联的整流二极管 VD1、VD3 和电阻 R1、R2 用于防止发光二极管在交流电路中承受过大的

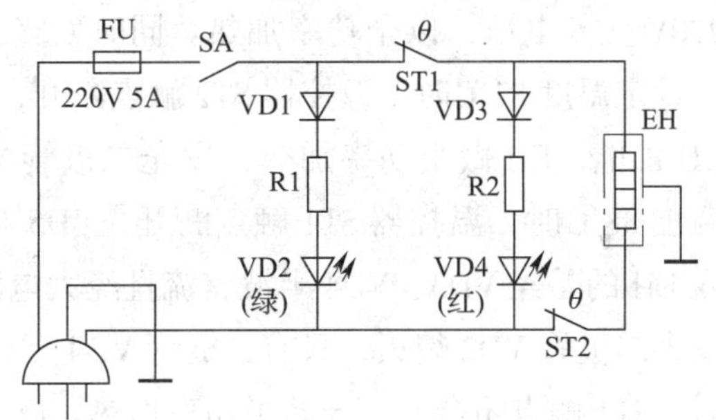

图 1—4—8　普通温热型电热饮水机的电路原理图（二）

反向电压而击穿。

使用时，按下加热开关SA，发光二极管VD2、VD4亮，加热器EH得电加热。当热罐内的水被加热到设定的温度时，温控器ST1的触点断开，切断加热器的电源，停止加热。同时作加热指示的发光二极管VD4也熄灭。当水温降到某一值时，温控器ST1的触点重新闭合，EH重新得电加热。如此周而复始，使水温保持在85~90℃范围内。ST2是超温保护温控器，动作温度为95℃。它可以防止热罐内的水达到沸点。它动作后，可手动使其复位。FU是熔断器，熔断后只能更换。

四、超静音温热型电热饮水机的工作原理

1. 超静音温热型电热饮水机的电路原理图

超静音温热型电热饮水机的电路原理图如图1—4—9所示。

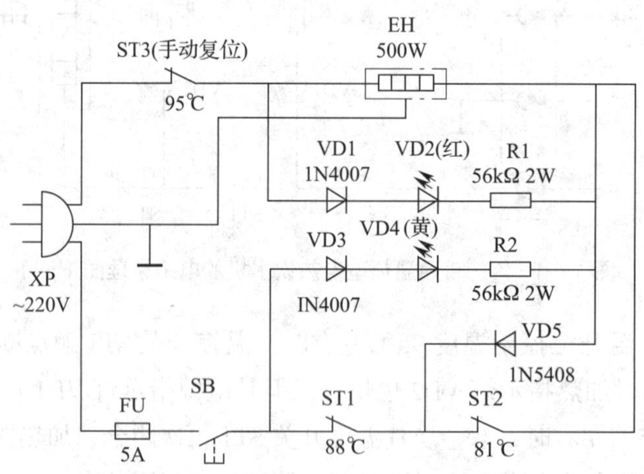

图1—4—9 超静音温热型电热饮水机的电路图

2. 超静音温热型电热饮水机的工作过程

如图1—4—9所示，超静音温热型电热饮水机的电路由全功率加热电路、半功率加热电路及加热保温指示电路三部分组成。插上电源插头，按下开关SB，加热器EH得到220V交流电压，以全功率加热。同时发光二极管VD2亮，作加热指示。水温升高到第一设定温度81℃时，温控器ST2触点断开，这时电源通过整流二极管VD5半波整流后对EH供电，EH做半功率加热，发光二极管VD4与VD2同时亮。在水温升高到第二设定温度88℃时，温控器ST1触点断开，VD5与电路断开，EH停止半功率加热。这时，通入EH的是经VD3、VD4半波整流且经大电阻R2限流后的小电流，仅起保温作用，而且发光二极管VD2熄灭，只有二极管VD4亮，作保温指示。水温降低到第二设定温度下限时，ST1触点闭合，又开始半功率加热。以后通过ST1触点控制EH重复断电、半功率加热，使水温保持在81~88℃范围内。

超温保护温控器 ST3 及熔断器的作用与图 1—4—8 所示电路相同。

任务实施

一、器材准备

万用表、兆欧表、旋具、尖嘴钳、活扳手、电烙铁、焊锡丝、导线、电热饮水机等。

二、实施过程

活动 1　电热饮水机的拆装

温热型电热饮水机内部主要器件的分布如图 1—4—10 所示。温热型电热饮水机的结构比较简单，拆装也很方便。

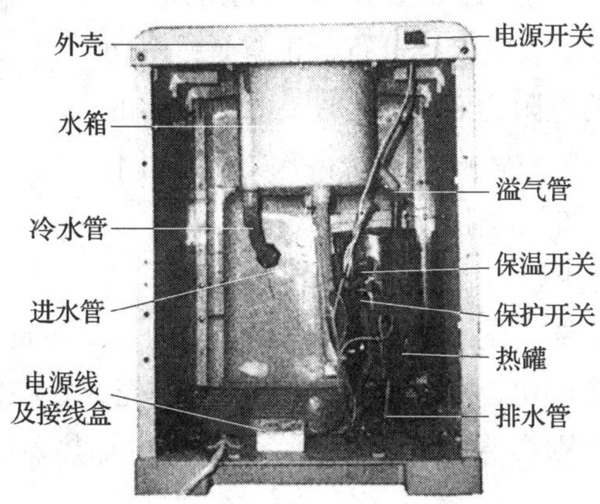

图 1—4—10　温热型电热饮水机的内部结构

1. 聪明座的拆卸

聪明座的拆卸方法很简单，只要用手捏住位于聪明座中心的导水柱，然后逆时针转动一定角度，便可向上取出聪明座。

2. 热罐的拆装

（1）找到位于饮水机背后的排水管口。然后拔出塞子，放掉热罐中的存水。

（2）拆下后盖板上的固定螺钉，取下后盖板。

（3）拆下热罐中电加热器接线端的连接线（注意记下连接关系）。

（4）拆下热罐中各温控器接线端的连接线（注意记下连接关系）。

（5）拆下热罐金属外壳上的黄绿双色接地线。

（6）打开热罐进水管、出水管、排水管接头上的固定圈，拔下各根水管。

（7）拆下位于饮水机底部的用于固定热罐的螺钉，取出热罐。

热罐的安装步骤与拆卸步骤相反。

3. 温控器的拆装

如果要检测或更换温控器，需要将温控器拆下时，只要小心拔下接线端上的连接导线（注意记下连接关系），然后旋下两个固定螺钉即可。安装时，温控器应紧贴在热罐外表面上。为加强导热性，在二者的接触面上，还应涂上硅脂。

活动 2　电热饮水机主要器件的检测

1. 电加热器的检测

温热型电热饮水机中的电加热器通常安装在热罐的底部。有的饮水机只要拆下后盖板便能看到电加热器上的两个接线端，这种情况下，只要拔下其中一个接线端上的连接导线，便可对电加热器进行检测。有的饮水机中热罐的安装位置较低，拆下后盖板后还无法操作，这时需要将热罐拆下后再检测。将保温材料去除后的热罐如图 1—4—11 所示。判断电加热器的好坏可用万用表电阻挡进行。正常时，电功率为 600 W 的电加热器的电阻为 80 Ω 左右（电加热器的功率越大，电阻越小）。如果检测发现两个接线端之间不通，说明电加热器断路。如果电阻值为 0（或接近 0），表明存在短路故障。还可使用万用表的高阻挡进行检测，一支表笔接电加热器的接线端，另一支表笔接电加热器的金属外壳。正常时应不通，如果测得阻值为 0 或能读出一定的电阻值，说明它已接通外壳或存在漏电现象。这种情况下，该电加热器必须更换，否则会造成触电事故。要确定电加热器的绝缘电阻，可用兆欧表测量。

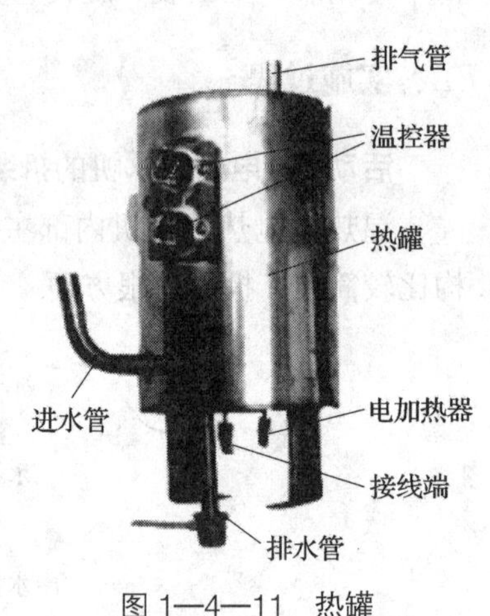

图 1—4—11　热罐

2. 温控器的检测

常温下，温控器内部的动断触点应处于闭合状态。即用万用表的电阻挡测温控器的两个接线端，电阻应为 0。如室温下检测不通，说明温控器已损坏，应更换。如常温时检测为 0，还应进一步判断当升高至动作温度时，触点能否断开，这时要对温控器进行加热。可将温控器的金属外壳与热源接触（如与加热的电熨斗接触），隔一段时间后，检测能否听到轻微的动作声，此时测量它的两个接线端之间的电阻，应为∞。如加热到温度很高都不能转换，说明温控器损坏，应更换温控器。

对于手动复位的超温保护温控器，检测方法是一样的。只是由于它动作后，不会自动复位，所以对它加热后，如有动作（触点会转换），需再按复位按钮，检测温控器内的触点是否会重新闭合。

活动 3　电热饮水机的常见故障及维修

1. 故障现象

温热型电热饮水机的热水水龙头中流出的水不热。

2. 故障分析

引起电热饮水机不加热故障的原因有加热器损坏或电路故障未能给加热器供电等。

3. 维修方法及步骤

电热饮水机不加热故障的维修方法见表 1—4—1。

表 1—4—1　　电热饮水机不加热故障的维修方法

步骤	检查内容	维修方法
1	检查电源指示灯	1. 接通电源开关后，观察电源指示灯是否点亮，如指示灯不亮，应重点检修电源插座及熔断器 2. 用万用表检查电源插座是否有电，插头插入插座是否过松，也可以将饮水机搬到其他插座进行试机判断插座是否有问题 3. 打开电热饮水机后盖，先直观检查是否有导线脱落，再找到熔断器检测其是否熔断，如果熔断，先判定是否有短路现象并排除，然后更换相同规格的熔断器。同时用万用表检查电源线是否折断
2	检测两个温控器和加热器	1. 电源指示灯亮但不加热，说明 220 V 交流电已引入饮水机，应重点检测两个温控器和加热器 2. 如果加热指示灯不亮，先拔掉电源插头，用万用表电阻挡检测保温开关的触点是否导通，如损坏要加以更换 3. 如果加热指示灯亮说明故障在超温保护温控器或加热器。先拔掉电源插头，按动超温保护温控器的复位按钮后，用万用表检查超温保护温控器接线端子间电阻值应该为 0，否则予以更换。用万用表检测加热器的接线端间电阻如果为∞，说明加热器已损坏，需要更换整个热罐

提示

更换热罐时，一方面要考虑加热功率和罐体直径的大小，另一方面要考虑各个进水管、出水管的粗细以及安装位置等。

除了本任务中已经检修的故障外，温热型电热饮水机常见的故障现象还有很多，其他常见故障的故障原因及维修方法见表 1—4—2。

表 1—4—2　　温热型电热饮水机其他常见故障的故障原因及维修方法

故障现象	故障原因	维修方法
通电后无反应	1. 电源插头与插座接触不良 2. 电加热器烧断 3. 熔断器熔断	1. 修理或更换插头、插座 2. 检测确认后更换电加热器 3. 更换熔断器

续表

故障现象	故障原因	维修方法
指示灯亮，但不能加热	1. 电加热器烧断 2. 温控器失灵（触点接触不良等） 3. 电加热器接线端接触不良	1. 检测确认后更换电加热器 2. 检测确认后更换温控器 3. 检查电加热器接线端及连接情况，使其可靠连接
加热后，水温过高或过低	1. 温控器失灵 2. 温控器安装不良或有异物造成传热不良，影响动作温度	1. 检测确认后更换温控器 2. 拆下温控器后检测，清理安装腔内的毛刺、异物和污物后，再在安装腔和温控器面上涂一层硅脂，重新安装温控器
能加热，但指示灯不亮	1. 发光二极管损坏 2. 限流电阻阻值发生变化	1. 更换发光二极管 2. 更换限流电阻
按热水水龙头后，出水慢或不出水	1. 聪明座入水口被异物堵塞 2. 热罐进水口有异物堵塞 3. 热罐进水管或热水出水管扭曲，使进、出水不畅	1. 清除异物 2. 清除异物 3. 检查进水管和出水管，重新安装
水龙头漏水	1. 出水龙头内有异物，使水龙头关不严 2. 水龙头内压簧失效，使水龙头关不严	1. 拆下水龙头后排除异物，重新装好 2. 拆下水龙头后检查压簧有无生锈失去弹性，如确定失效，则更换压簧
内部漏水	1. 水管连接处脱落 2. 水管裂开 3. 水箱裂开 4. 热罐脱焊产生裂缝	1. 拆开后盖板后仔细检查接水桶与常温水水龙头、接水桶与热罐进水口、热罐出水口与热水水龙头等的连接处，如发现有脱落，则重新安装并固定好 2. 检查各水管，重点是各连接处，如有裂痕，则更换该段水管，并固定好 3. 检查水箱，如有裂缝，则更换 4. 检查热罐，如确定热罐漏水，则更换

知识拓展

冷热型电热饮水机与电热开水壶

1. 冷热型电热饮水机

目前，家用冷热型电热饮水机主要采用半导体制冷型，其结构如图 1—4—12 所示，主要由箱体、加热部件、制冷部件、进出水装置等组成。这种饮水机的常温水、热水的产生及出水方式与温热型饮水机相同。不同的主要是制冷部分。

冷热型电热饮水机的制冷部分的核心元器件是半导体制冷组件。它是依据法国物理学家 Peltier（佩尔捷）于 1834 年发现的佩尔捷效应原理制成的。当电流流经两种不同材料的导体形成的接点时，接点处会产生放热和吸热（制冷）现象，所吸收或放出的热量只与两种导体的性质和接头的温度有关，这就是佩尔捷效应，又称温差电效应。此效应是可逆的，放热或吸热根据电流方向的不同而改变，改变电源极性即可使制冷变为制热。

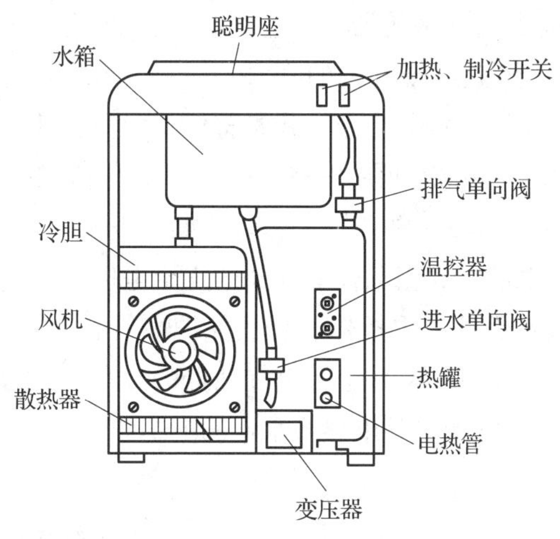

图 1—4—12　冷热型电热饮水机的结构

半导体制冷组件的结构如图 1—4—13 所示，它由 P 型和 N 型半导体材料制成，一只 P 型元器件和一只 N 型元器件由铜导流片连成一对电偶。半导体制冷组件由很多对这样的电偶串联而成。冷面排列在一面，热面排列在另一面。两个面都是陶瓷基板，其内侧用特殊工艺压有金属层和温差电偶两端的导流片，连接成一个整体。电偶对具有能量转换特性，即冷端吸收热量，另一端放出热量，吸收热量端靠近冷胆，另一端接散热片，这样可以降低冷胆的温度，实现制冷的功能。

半导体制冷组件工作时，冷面吸收热量后由热面散发出去。它的冷面安装在由导热性能良好的铝合金制成的制冷轴一端的工作面上，为改善导热性能，提高制冷效果，两者必须紧密接触。制冷轴的制冷端安装在冷胆容器内，冷胆形状一般为矩形容器，用于制冷和储存冰水。由于半导体制冷组件工作时，在热面上会产生热量。为使它能持续工作，在其热面上都安装有散热器，目的是将所产生的热量不断带走。为了增强散热效

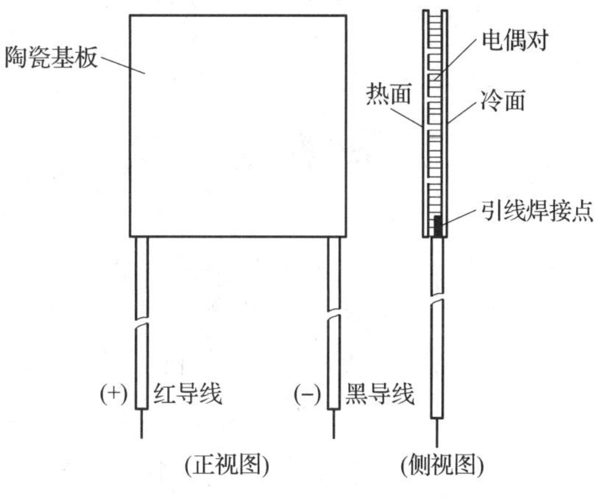

图 1—4—13　半导体制冷组件的结构

果，还会采用风扇强迫空气对流，以保持制冷组件温度不升高。冷热型电热饮水机由温控器对水温进行控制。制冷系统的温度控制方式有机械温控和电子温控两大类。温控器使半导体制冷组件间歇工作，从而输出合适温度的冷水。

在使用时，冷热型电热饮水机由水箱提供常温水，进水分两路：一路进入冷胆，经制冷后输出冷水；另一路进入热罐，经加热后输出热水。

2. 电热开水壶

电热开水壶是用来烧少量开水的器具。它具有安全、卫生、方便、快捷、小巧等优点。只要通电几分钟，便能获得一壶新鲜的开水。

电热开水壶按其结构不同，可分为分体式和整体式两种。其中使用较多的是分体式电热开水壶，这种电热开水壶的外形如图 1—4—14 所示。分体式电热开水壶在底座的中心有一个圆柱形插头，而壶体底部中央有一个插座，如图 1—4—15 所示。电热开水壶中的电加热器通过该装置接通电源。底座圆柱形插头的三个电极分别接通电源插头上的三个插片。电加热器、蒸汽式自动开关、温控器、超热保护熔断器、指示灯等均固定在壶体上。电热开水壶的功率一般均在 1 000 W 以上。电加热器的冷态电阻为几十欧，且电加热器与金属外壳绝缘。如图 1—4—16 所示是电热开水壶的电路图。

图 1—4—14　分体式电热开水壶

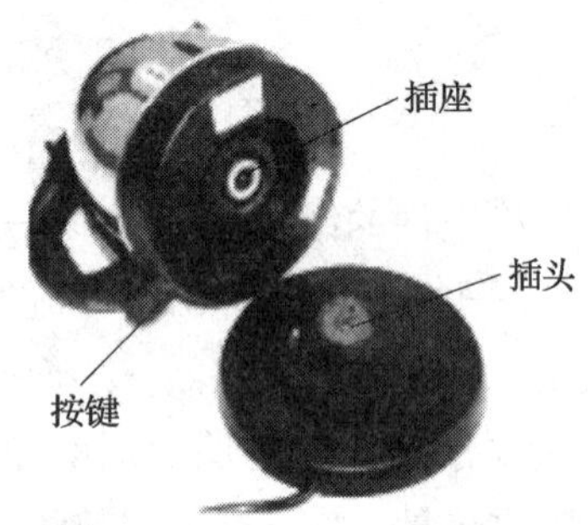

图 1—4—15　分体式电热开水壶的底座与壶体底部

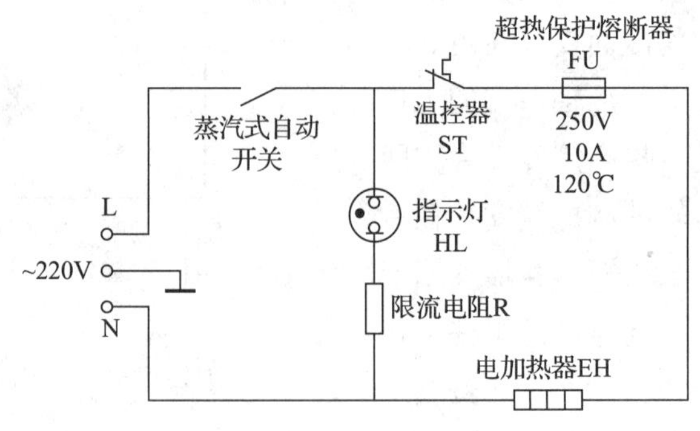

图 1—4—16　电热开水壶的电路图

将盛满水的壶体放到底座上，按下蒸汽式自动开关的按键，电加热器 EH 得电加热，同时指示灯 HL 点亮，壶内水温升高。当水沸腾时，产生大量的蒸汽，通过橡胶管进入蒸汽式自动开关内部，压力增大到一定值时，引起金属片变形，带动触点断开，同时蒸汽式自动开关的按键也会弹起，自动切断电源，停止加热。温控器主要起防干烧作用。当出现干烧现象，壶内温度升高到它的动作温度时，温控器内的动断触点便会断开，切断电源。如温控器失灵，当壶内温度超过 120℃时，超热保护熔断器熔断，电加热器断电。

任务评价

根据任务考核评分表（见表 1—4—3）进行任务评价。

表 1—4—3　　任务考核评分表

评价项目	评价标准	配分	自我评价	小组评价	教师评价
职业素养	安全意识、责任意识、服从意识强	5			
	积极参加教学活动，按时完成各项学习任务	5			
	团队合作意识强，善于与人交流和沟通	5			
	自觉遵守劳动纪律，尊敬师长，团结同学	5			
	爱护公物，节约材料，工作环境整洁	5			
专业能力	能说出温热型电热饮水机的结构	5			
	理解温热型电热饮水机的加热及温控原理	10			
	能正确拆装电热饮水机	10			
	能准确判断电加热器、温控器等器件的好坏	15			
	能正确分析电热饮水机常见故障原因并排除故障	20			
	了解冷热型电热饮水机的结构及工作原理	10			
	了解电热开水壶的工作原理	5			
合计		100			
总评	自我评价 × 20% + 小组评价 × 20% + 教师评价 × 60%=__________	综合等级	教师（签名）：		

注：学习任务考核采用自我评价、小组评价和教师评价三种方式，考核分为 A（90~100）、B（80~89）、C（70~79）、D（60~69）、E（0~59）五个等级。

任务5　微波炉原理与维修

学习目标

知识目标

1. 了解微波炉的结构。
2. 理解微波炉的加热及控制原理。
3. 了解新型微波炉的工作原理。

能力目标

1. 能正确拆装微波炉。
2. 能识读微波炉电路图。
3. 能识别微波炉的主要器件并判断其好坏。
4. 能排除微波炉的常见故障。

任务引入

市场上销售的微波炉按照操作方式不同可分为机械式和电子式两大类，按照加热功能的多少不同又可分为只能微波加热的普通型微波炉和带有烧烤功能的多功能型微波炉，这两种微波炉的常见外形如图 1—5—1 所示。

微波炉是一种采用特殊加热方式的新型炊具，它先将电能转变为电磁能，然后以微波形式将能量传递给待加热食品的分子。微波炉能使食品的内、外部同时受热，具有加热速度快、热量损失少、无污染、无明火等优点。

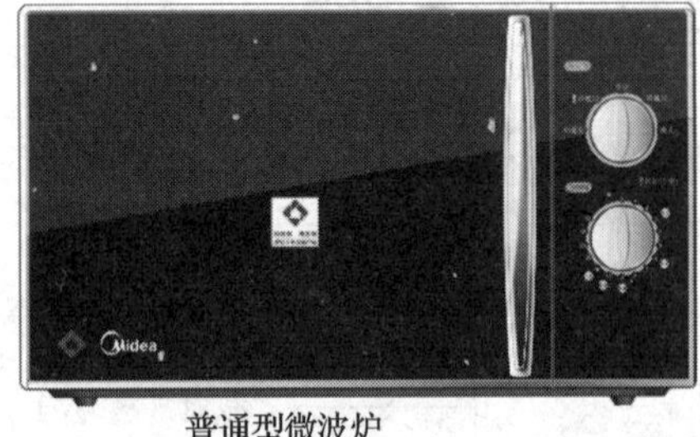

普通型微波炉

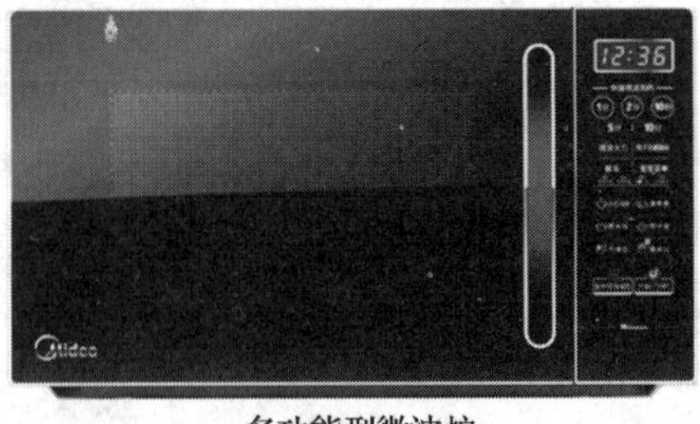

多功能型微波炉

图 1—5—1　常见的微波炉类型

本任务首先介绍微波炉的结构和工作原理。然后在教师带领下拆装微波炉，熟悉微波炉的结构及主要器件，掌握它的拆卸、安装方法，了解其工作原理及典型电路。最后进行微波炉的磁控管、变压器、高压电容器、高压二极管、定时器、风扇电动机等主要部件的检测，判断它们的好坏，并从故障现象出发，分析故障原因，掌握排除微波炉常见故障的方法。

知识准备

一、微波炉的结构

1947 年，第一台微波炉问世。微波炉是一种用微波加热食品的现代化烹调灶具，因为用微波炉烹饪，热量直接深入食物内部，所以烹饪速度比其他炉灶快 4 ~ 10 倍，热效率高达 80% 以上，工作时间没有明火，备受用户的欢迎。 如图 1—5—2 所示，普通型微波炉主要由磁控管、波导管、搅动器、炉腔、转盘、炉门、外壳及控制系统组成。

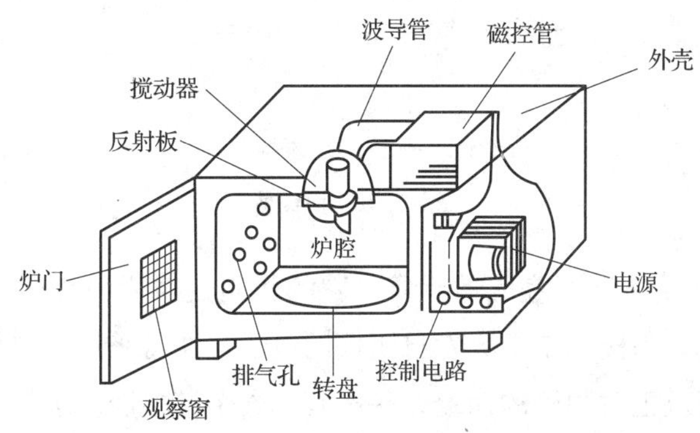

图 1—5—2　普通型微波炉的结构

二、微波及微波加热原理

微波是指波长为 1 ~ 1000 mm，频率为 300 ~ 300 000 MHz 的电磁波。它的传播速度等于光速。微波遇到金属物体会发生反射，而对玻璃、陶瓷、塑料等非金属物体具有可透射性，且不会被其吸取。微波炉正是这些特性的具体应用。由物理学知识可知，组成介质的有极分子是杂乱无章的；有外电场时，在电场力作用下，这些有极分子会沿电场力的方向有序排列，这种现象称为电介质的极化。当外电场方向变化时，有极分子的取向也会随之改变。微波炉加热的对象是食物，食物中含有水分，水也是有极分子。家用微波炉中，由磁控管发出频率为 2450 MHz 的微波，进入炉腔后，食物中的水分子在微波电场力作用下，按电场力方向有序排列。但因这个电场是快速变化的（每秒钟变化 24.5 亿次），迫使大量水分子一直跟着微波电场的变化而改变，即使食物中的水分子产生振动。在振动过程中，互相撞击、摩擦，短时间内便产生很大的热量。

三、微波炉的主要部件

磁控管又称微波发生器，它是微波炉的核心部件。磁控管的作用是将电能转变为微波能，产生和发射微波。磁控管由灯丝、阴极、阳极、天线及磁铁等组成，如图 1—5—3 所示。

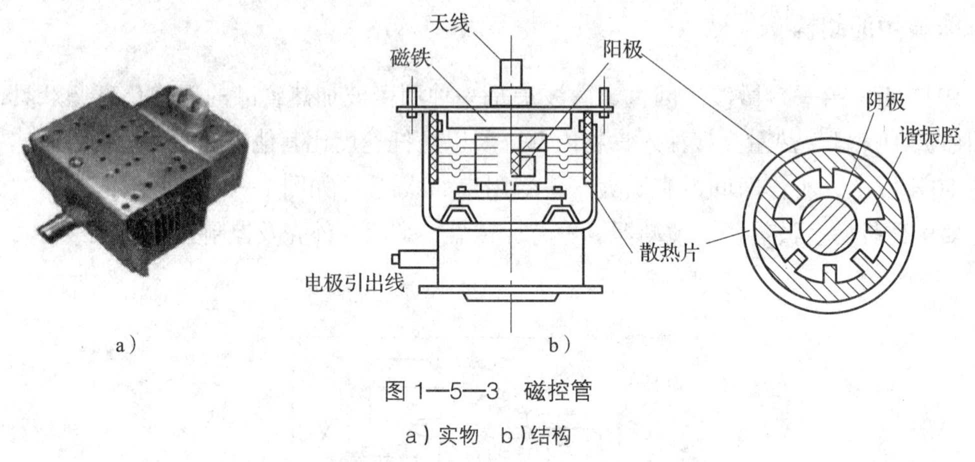

图 1—5—3　磁控管

a）实物　b）结构

灯丝采用钍钨丝或纯钨丝绕成螺旋状，它的作用是对阴极加热。阴极采用发射电子能力很强的材料制成。阳极用来接收发自阴极的电子，通常采用导电性好、气密性能良好的无氧铜制成。在阳极正对阴极的面上，一般有偶数个谐振腔。天线（又称微波能量输出器）一般制成条状或棒状，一端接阳极，另一端延伸输出至管外。磁铁的作用是提供一个与阳极轴线平行的强磁场。

微波炉工作时，磁控管灯丝通电，阳极与阴极之间加 3 kV 以上的直流电压。阴极被加热后，便有电子逸出，其在电场力作用下向阳极运动，同时电子还受到磁场力的作用。在两种力的共同作用下，电子沿轮摆线轨迹向阳极运动，进入谐振腔中产生电磁振荡而输出微波，微波经天线进入波导管，由其引入炉腔。波导管是用导电性能良好的金属组成的矩形空心管，它一端接磁控管的微波输出口，另一端接入炉腔。波导管的作用是将微波限制在管内，使磁控管产生的微波全部输入炉腔。

搅动器的作用是使炉腔内的微波场均匀分布。它由导电性能好、强度高的硬质铝镁合金制成。一般安装在炉腔顶部的波导管输出口处，由小电动机带动或靠风扇气流带动旋转。

炉腔是盛放被加热食品的空间，它实质上是一个微波谐振腔，由钢板喷涂或不锈钢冲压成形。炉门是取放食品和进行观察的部件。一般由不锈钢框架镶嵌玻璃窗构成。玻璃窗中夹着金属多孔网板，以防止微波泄漏。

转盘安装在炉腔底部，由一只微型电动机带动，以 5 ~ 8 r/min 的转速慢速旋转。使放在转盘上的食品的各部位周期性地不断处于微波场的不同位置，使其均匀吸热。外壳主要起屏蔽微波和装饰作用，通常由镀锌薄钢板或镍铬薄钢板冲压成形。

微波炉的控制系统由电源、定时器、功率控制器、风扇电动机、转盘电动机、过热保护器，以及与炉门联动的联锁开关等构成。

电源由变压器及倍压整流器件组成。变压器除为磁控管灯丝提供 3.3 V 左右的低电压外，还输出 2 000 V 左右的交流电压，经高压二极管（硅堆）及高压电容器组成的半波倍压整流电路后，变成峰值为 4 000 V 的脉动直流电压，提供给磁控管。

普通型微波炉的控制板如图 1—5—4 所示。控制板上有两个旋钮，一个用来选择微波炉的加热功率，另一个则用于设定加热时间。定时器开关由一个微型电动机带动，使用者旋动旋钮设定定时时间后，定时器触点闭合。但只有当联锁开关闭合（即炉门关上）后，电动机才会得电。定时时间一到，定时器触点断开，切断微波炉的电源。功率控制器一般也由定时器电动机驱动。通过功率控制器选择旋钮带动凸轮轴机构来控制功率开关的闭合。有多个功率挡位可供选择，以满足加热、烹调时的不同要求。功率控制采用“百分比定时的方式”，即在某一固定循环时间周期内（一般为 30 s），控制电源接通时间占固定循环时间的百分比。其接通时间为 5 ~ 30 s 可调。当功率选择开关选取“高火”挡时，功率选择开关的动断触点始终闭合，微波炉输出功率最大；当功率选择开关选取“解冻”挡时，功率选择开关的动断触点闭合 14.4 s，断开 15.6 s，此时的输出功率不到“高火”时的一半。

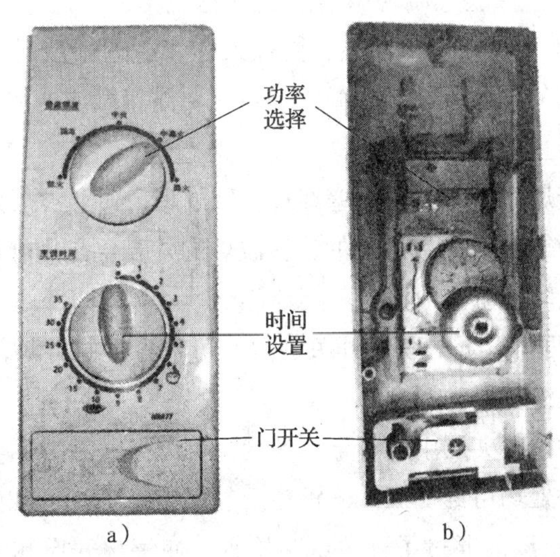

图 1—5—4　普通型微波炉的控制板

a）正面　b）背面

风扇电动机一般采用单相罩极式，功率为 20 ~ 30 W，转速约为 2 500 r/min，如图 1—5—5 所示。它的作用是为磁控管和变压器散热。转盘电动机为微型永磁式同步电动机，如图 1—5—6 所示，它能使转盘以 5 ~ 10 r/min 的转速转动。

为确保微波炉的正常使用，防止磁控管因过热损坏，微波炉上还设有过热保护器。它的感温元器件为碟形双金属片，安装在磁控管外壳上。当微波炉失控或温升超过额定值时，碟形双金属片因受热膨胀而翻转，带动动断触点断开，自动切断电源。

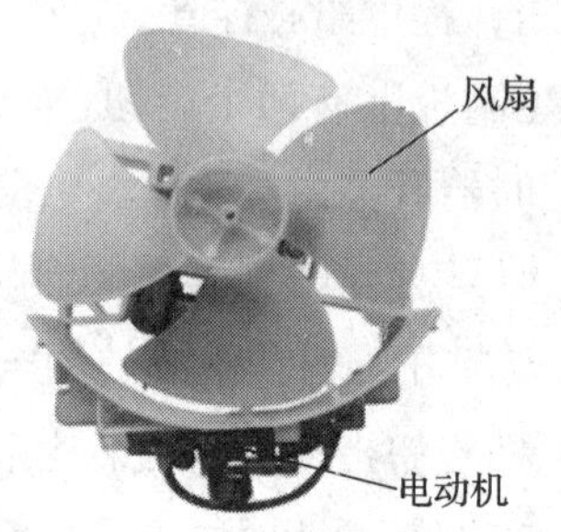

图 1—5—5　风扇电动机

图 1—5—6　转盘电动机

由炉门控制的联锁开关是为了保证微波炉只有在炉门关上后，磁控管才能开始工作。

知识链接

微波炉中采用的防泄漏措施

微波能被肉类食物吸收并进行加热，同样人体在遭遇微波时，也会被微波“加热”。这样对人体是十分有害的，所以在利用微波加热时要注意微波的泄漏问题。在微波炉的设计中采取了多种措施防止微波的泄漏。

（1）磁控管是用金属做成的，其内壁经过特殊处理，对微波反射性能极好。

（2）炉腔是用铝板或不锈钢板制成的，微波炉的外壳也是用金属做成的，同时加装接地保护设施，可以有效防止微波泄漏。

（3）炉门外装有两个以上的联锁开关装置，可以保证打开炉门前切断电源，迫使磁控管停止工作，杜绝微波发射。

（4）炉门观测窗的玻璃夹层中嵌有金属丝网，可以保证微波不会从观察窗泄漏。

（5）炉门的任何一处均可经受 0.5 kg 钢锤反复敲打而不变形和破裂，炉门的开启寿命在 25 万次以上，并在出厂前通过了开关试验检查，使每次开启和闭合时都能自动切断和接通电源。

合格的微波炉产品在出厂前在炉门 5 cm 处测得的微波泄漏要在 1 mW/ cm^2 以下。

四、微波炉电路原理图

1. 普通型微波炉的电路原理图

如图 1—5—7 所示是普通型微波炉的典型电路。变压器提供磁控管灯丝所需的低电压，同时还输出近 2 000 V 的交流高压，经高压二极管 VD 与高压电容器 C 组成的倍压整流电路，得到近 4 000 V 的脉动直流高压电，加到磁控管的阴极上。其中阳极接地，因此阴极为负高压。使用时，关上炉门，主联锁开关 S3 闭合，联锁监控开关 S2 断开，微波炉处于准备状态。设置好定时时间及加热功率后，按下启动开关，副联锁开关 S1 闭合，电路接通。定时器电动机、转盘电动机、风扇电动机开始运转。磁控管输出端送出微波，经波导管引入炉腔，对食品进行加热。

设置的定时时间一到，定时器开关 S4 断开，切断电源，加热结束。

联锁监控开关 S2 是一个动断型微动开关，与炉门联动。当炉门关闭时，S2 断开；炉门打开时，S2 闭合。当主联锁、副联锁开关失灵时，或由于某种意外情况使得在炉门没有关闭的情况下错误启动时，S2 未断开，将造成短路，使熔断器 FU 熔断，切断电源。这是防止微波泄漏的应急保护措施。

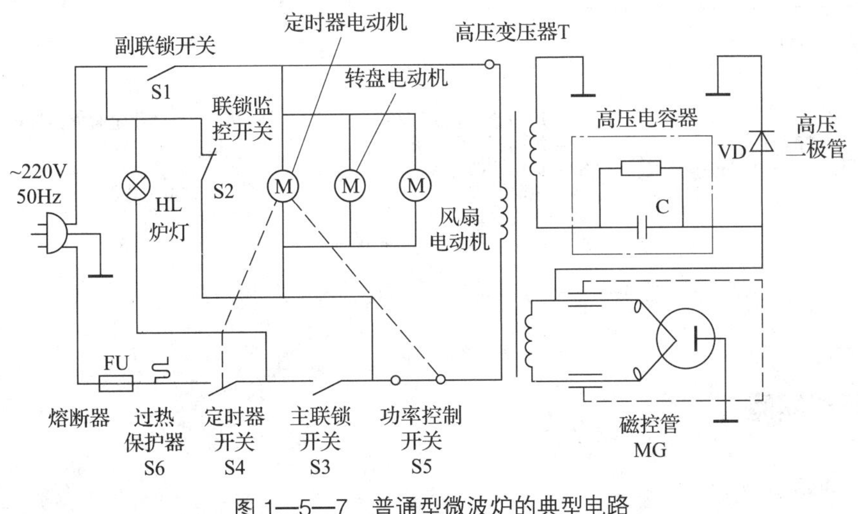

图 1—5—7　普通型微波炉的典型电路

2. 具有烧烤功能微波炉的电路原理图

现在的微波炉大多具有烧烤功能，其电路相对复杂，如图 1—5—8 所示。具有烧烤功能的微波炉的火力选择开关比普通微波炉多了一组烧烤选择开关。

当火力选择开关选择烧烤功能（仅烧烤功能）时，微波开关断开，没有微波产生，同时继电器失电使常闭触点闭合；烧烤选择开关闭合，给石英发热管供电，石英发热管得电发热对食物进行烧烤。定时时间到，石英加热管失电，停止烧烤。

当火力选择开关选择微波功能（仅微波功能）时，烧烤选择开关断开，微波开关闭合，产生微波对食物加热，同时继电器得电，继电器常闭触点断开，保证石英发热管支路断电不会进行烧烤。

当火力选择开关选择微波和烧烤混合功能时，烧烤选择开关闭合，微波开关根据火力大小的不同进行火力分配，当产生微波时，继电器将断开烧烤支路，仅产生微波对食物进行加热；当微波开关断开时，继电器使烧烤电路接通进行烧烤。这样烧烤和微波交替对食物进行烹调。

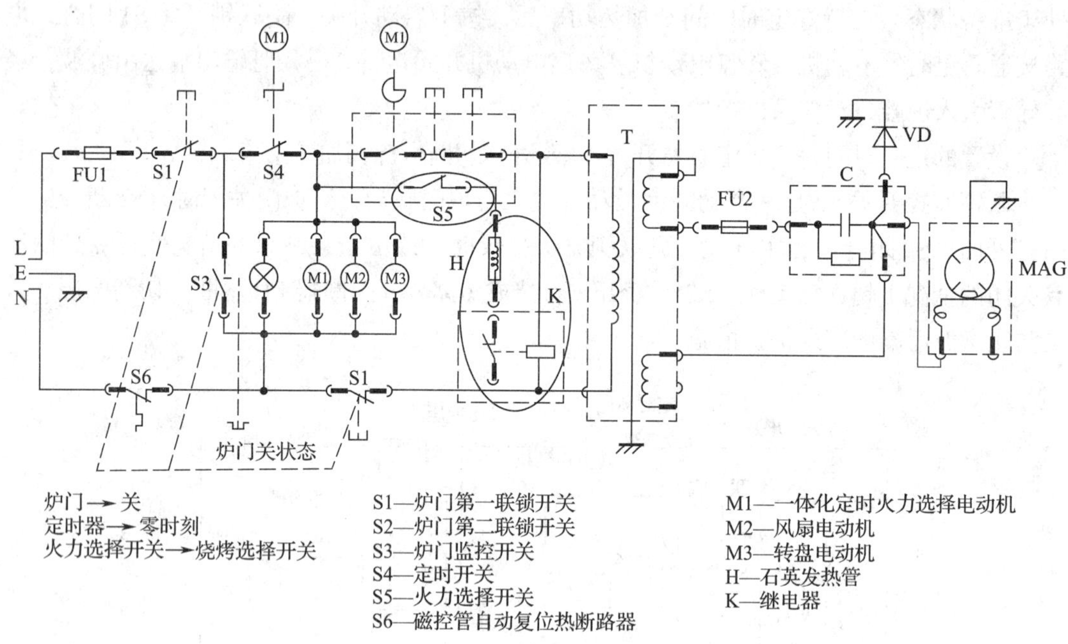

图 1—5—8　带烧烤功能微波炉的电路原理图

任务实施

一、器材准备

万用表、兆欧表、旋具、尖嘴钳、活扳手、电烙铁、焊锡丝、导线、微波炉等。

二、实施过程

活动 1　微波炉的拆装

普通型微波炉内部器件的分布如图 1—5—9 所示。

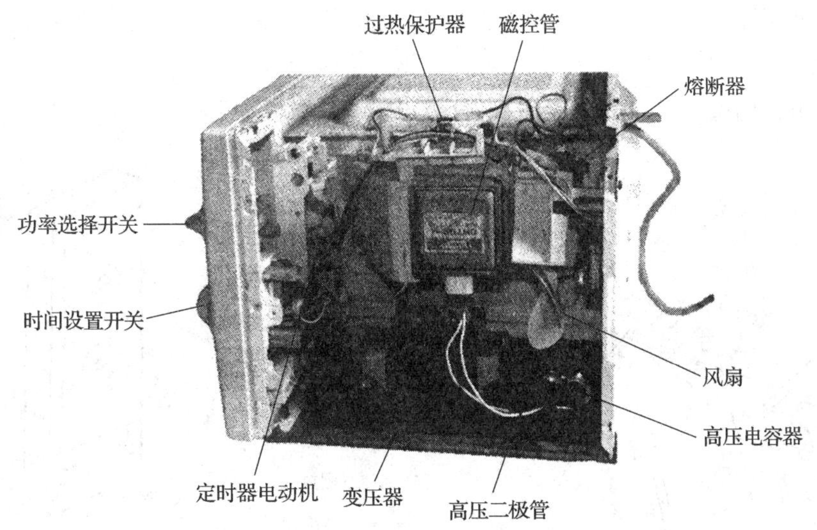

图 1—5—9　普通型微波炉内部器件分布图

1. 外壳的拆卸

（1）拔去微波炉电源插头。

（2）用旋具松开微波炉背面的多个固定螺钉，如图 1—5—10 所示。

（3）将外壳向后拉，即可取下外壳，如图 1—5—11 所示。

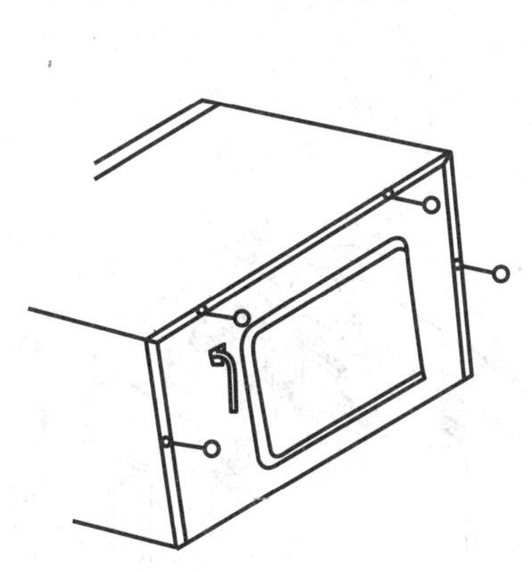

图 1—5—10　松开微波炉背面螺钉

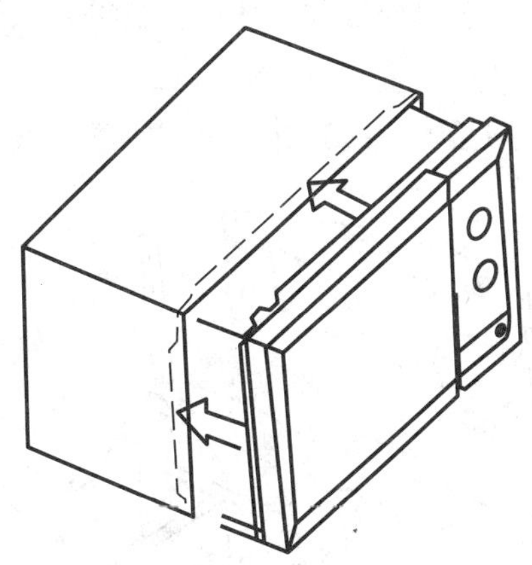

图 1—5—11　取下外壳

2. 控制面板及开门机构的拆卸

（1）用旋具在高压电容器一端与底板之间进行放电。

（2）拔去定时器、功率分配器上的接线插头。

（3）用十字旋具旋下固定控制面板的螺钉，如图 1—5—12 所示，并取下控制面板。

（4）拆下定时器和功率控制器上的两只旋钮，并旋下固定定时器的螺钉，如图 1—5—13 所示。

（5）拆下开门按钮。

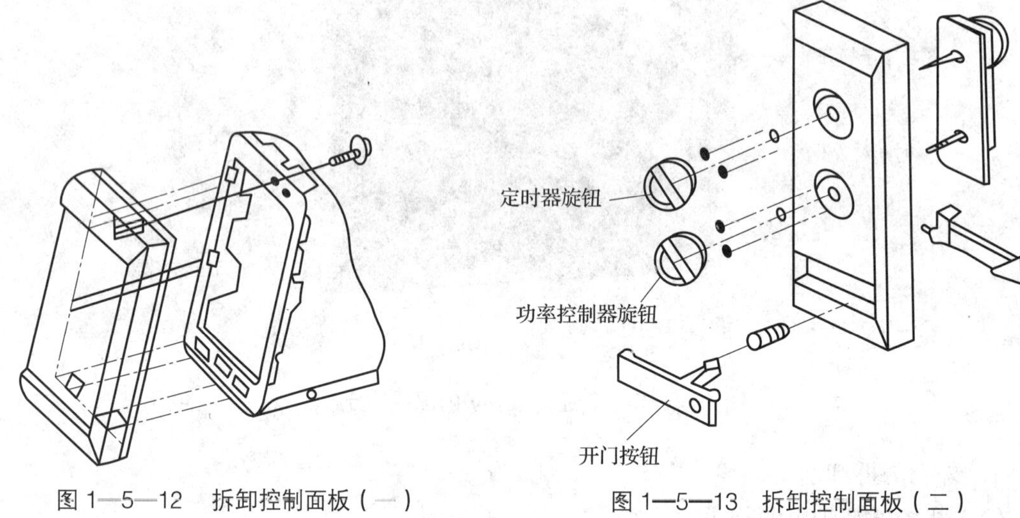

图 1—5—12　拆卸控制面板（一）　　图 1—5—13　拆卸控制面板（二）

（6）用旋具在图 1—5—14 中所示 1 处向外侧顶压，取出撑杆。

3. 磁控管的拆卸

（1）拔去磁控管和过热保护器的两根引线，并拆去炉灯边的 1 个螺钉，如图 1—5—15 所示。

（2）用活扳手或旋具拆去固定磁控管的螺钉，即可取下磁控管。

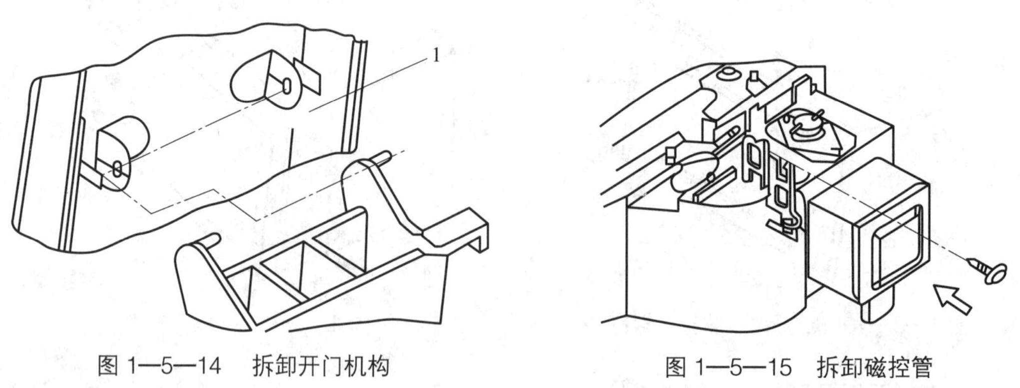

图 1—5—14　拆卸开门机构　　图 1—5—15　拆卸磁控管

4. 变压器的拆卸

（1）拔去变压器上的各个接线（记住接线顺序）。

（2）将微波炉倒转过来，拆下右底板固定在腔体上的 4 个螺钉，连同变压器一起取下。

（3）取出变压器与腔体中间的橡皮垫块。

5. 风扇电动机组件的拆卸

（1）拔去风扇电动机上的两根引线。

（2）用十字旋具松下两个螺钉，取下风扇电动机组件。

（3）将转轴与风叶上的胶水刮去，取下弹簧夹。

（4）将风叶从电动机轴上拔下，即可拆下风扇电动机。

6. 高压电容器与高压二极管的拆卸

拔去电容器或二极管上的接线，并松开固定它们的螺钉，即可取下。

7. 转盘组件的拆卸

（1）取出微波炉中的玻璃盘、转盘支架环等。

（2）将微波炉翻转过来，用十字旋具松开固定转盘电动机的螺钉，将转盘电动机取出，并拔去两根引线。

8. 联锁装置的拆卸

（1）拔掉联锁开关及联锁监控开关上的接线插头。

（2）用十字旋具松开两个固定开关托架的螺钉，并取下开关托架。

（3）将联锁开关、联锁监控开关从托架中取出。

（4）把开关托架中的开关连杆臂、动作杠杆取下。

9. 按与拆卸顺序相反的步骤安装微波炉。

安装完成后用兆欧表检测微波炉的绝缘电阻，应不小于 2 MΩ。

活动 2 微波炉主要器件的检测

1. 磁控管的检测

用万用表 $R\times1\ \Omega$ 挡测量灯丝的电阻值，正常时应很小（接近 0）。灯丝的每个端子与磁控管外壳之间的电阻值应为∞。如不相符，表明磁控管已损坏。将检测结果填入表 1—5—1 中。

表 1—5—1 测量结果

型号	标称功率 /W	万用表挡位	灯丝电阻 /Ω

2. 变压器的检测

检测变压器好坏的方法有两种：一种是在微波炉工作时进行检查，另一种是在微波炉不工作的状态下检查。前者主要是通过检测变压器各绕组的电压来判断其好坏；后者则是用万用表测量各绕组的阻值来判断变压器的好坏。一般选用后者。微波炉所用变压器如图 1—5—16 所示，它的内部共有三个绕组、五根引出线（或接线端）。其中一次绕组 a、b 两端接电源；二次绕组 c、d 两端提供磁控管的灯丝电压；e、f 为高压输出绕组。其中有一端已与变压器铁芯相通，故只有五个引出端。测量时，先将变压器各连线断开，然后用万用表分别测量各绕组的阻值大小。正常情况下，变压器一次绕组（a、b 两端）的电阻值应很小，为 2 ~ 3 Ω；灯丝绕组（c、d 两端）的电阻接近 0 Ω。确定高压绕组的方法较简单，只需将万用表的一支表笔搭在变压器铁芯（即图 1—5—16 中的 f 端）上，另一支表笔分别接触变压器的各引出端，测得 200 Ω 左右电阻时，此时的引出端即为高压绕组的 e 端。而且三个绕组相互之间都应该是绝缘的，否则为变压器损坏。将检测结果填入表 1—5—2 中。

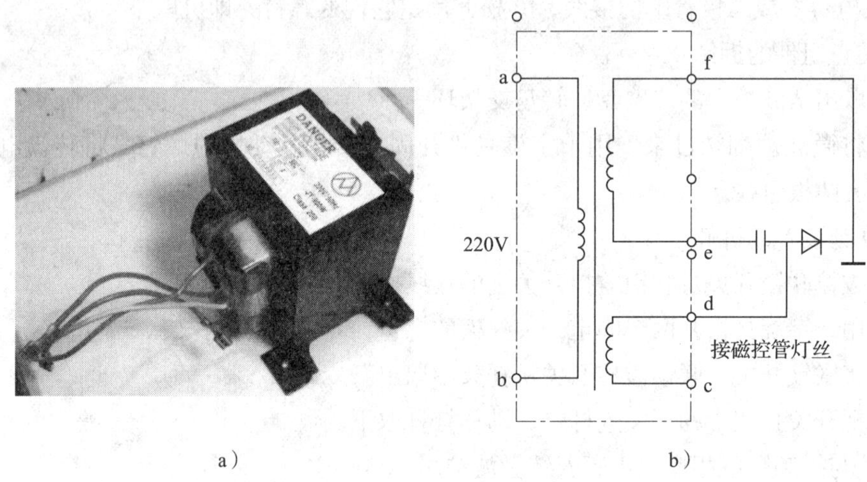

a）　　　　　　　　　　b）

图 1—5—16　变压器

a）外形　b）内部电路

表 1—5—2　　　　　　测量结果

万用表挡位	一次绕组 /Ω	灯丝绕组 /Ω	高压绕组 /Ω

3. 高压电容器的检测

微波炉上的高压电容器如图 1—5—17 所示。它的耐压值为 2 100 V，内部并联一个大电阻（微波炉停止工作后，高压电容器通过它放电）。由于高压电容器的容量较小（1 μF 左右），所以最好用万用表的 $R\times10$ kΩ 挡测量。将电容器两个电极短路放电，然后用万用表的两支表笔与高压电容器的两个引脚接触，如发现指针偏转一个角度后又回到起点（∞处），说明电容器是好的。如万用表的读数为 0，表明电容器短路；如万用表的读数为∞，表明电容器开路。如指针偏转后不回到起点，则表明电容器漏电。电容器的接线端与金属外壳之间应绝缘。如检测时发现高压电容器不正常，则应更换电容器。将测量结果填入表 1—5—3 中。

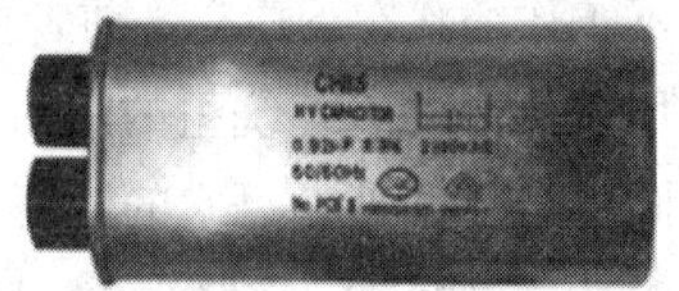

图 1—5—17　高压电容器

表 1—5—3　　测量结果

电容器参数		万用表挡位	偏转最大值 /kΩ	指针最终位置
容量 /μF	耐压 /V			

4. 高压二极管的检测

微波炉上的高压二极管内部可以看成是由多个二极管串联而成。它的外形如图 1—5—18 所示。检测高压二极管的好坏也可借助于万用表。但需注意，万用表所用的电池电压必须是 6 V、9 V 或者更高。所以一般用指针式万用表的 $R\times10\ \mathrm{k}\Omega$ 挡来测量高压二极管的正、反向电阻。正常时，正向电阻为几十千欧，反向电阻为∞。测量时，如正、反向电阻值均为∞或 0，则说明高压二极管断路或短路，不能继续使用。如正、反向电阻值偏离正常值较大，则说明该高压二极管性能变差，需要更换。将测量结果填入表 1—5—4 中。

图 1—5—18　高压二极管

表 1—5—4　　测量结果

万用表挡位	正向电阻 /Ω	反向电阻 /Ω

5. 定时器的检测

普通型微波炉上的定时器组件如图 1—5—19 所示。它的内部除电动机外，还包括定时器的动合触点及功率控制器的动断触点，共有 5 个接线端。内部电路如图 1—5—20 所示。拆下定时器组件后，用万用表电阻挡测量各接线端之间的电阻。当测得有两个接线端之间的电阻为几百欧时，其中一个必定是电动机接线端 a，另一个为 b 或 e。由于 b 和 e 之间是一个动断触点，所以 b、e 之间的电阻为 0，而且通常与接线端 a 靠在一起的是接线端 b，则另一个为接线端 e。组件内的动合触点（接线端 c 和 d）由定时器控制，只要转动时间设置旋钮，该触点便会闭合。检查时，先将定时器旋钮顺时针方向转动，此时用万用表电阻挡测量接线端 c 和 d，阻值应为 0。如给电动机加上额定电压，电动机应旋转，定时器逆时针方向回转，转到原位时，断开电源，同时开关也断开。如与上述相符，则表明定时器是好的。否则应予以更换。将测量结果填入表 1—5—5 中。

图 1—5—19　定时器组件

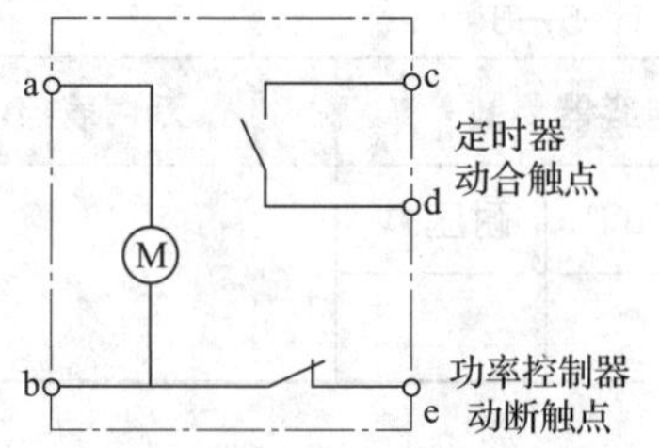

图 1—5—20　定时器组件内部电路

表 1—5—5　　测量结果

根据检测结果，在右图中的五个接线端上分别标注 a、b、c、d、e	

6. 电动机的检测

检测定时器转盘电动机和风扇电动机是否完好，可采用测量电动机绕组电阻的方法。用万用表的 $R \times 100\ \Omega$ 挡测量电动机两个端子之间的电阻，其值一般为几百欧，如电阻值过大或过小，则需要更换电动机。将测量结果填入表 1—5—6 中。

表 1—5—6　　测量结果

	万用表挡位	绕组电阻 /Ω
转盘电动机		
风扇电动机		

活动 3　微波炉的常见故障及维修

1. 微波炉不能加热的故障维修

（1）故障现象

微波炉工作程序启动后，炉灯点亮、转盘转动正常，但不能加热。

（2）故障分析

炉灯亮、转盘转动正常，说明整机供电正常，不加热说明加热部分出现故障。由微波炉的工作原理可知：微波炉的加热主要是由高压变压器产生高压，经过高压二极管、高压电容组成的倍压整流电路升压后输出给磁控管，同时变压器的另一组输出 3.5 V 的低压电给磁控管的灯丝。磁控管得到这两个电压后产生微波，对食物进行加热。若上述部件或连接导线出现断路故障，磁控管将不能产生微波对食物进行加热。

（3）维修方法及步骤

根据故障分析，可采用万用表测量法、设备拆解观察法和更换元器件法来完成对故障可能性的检测与确认，以便选择合理的故障排除措施。

在对元器件检查前，首先要检查相关连接导线或连接点是否出现断路或接触点氧化等现象。在保证连接线路完好的情况下再对元器件进行检测，具体维修方法见表 1—5—7。

表 1—5—7　　微波炉不能加热故障的维修方法

步骤	检查内容	维修理方法
1	检查高压变压器	1. 可以用万用表测量各绕组是否出现断路，以及是否与铁芯短路 2. 拔除高压变压器的二次侧两个绕组的插线端子，接通电源，用万用表 2 500 V 交流电压挡测量二次高压，正常值在 2 100 V 左右，二次侧的另一绕组电压为 3.5 V 左右，任一电压异常，特别是无电压，说明高压变压器损坏，需更换同型号的高压变压器
2	检查磁控管的灯丝	1. 磁控管的灯丝电阻极小，约为零点零几欧姆，若电阻为无穷大，说明灯丝断路，灯丝与外壳必须有良好的绝缘 2. 检查磁控管的磁钢是否开裂，灯丝引脚处是否有烧焦的痕迹，如果有则会影响微波炉的使用，也必须更换同型号的磁控管
3	检查高压电容	1. 放电后用电容表测量其容量，与标称值比较，如果变化较大，须更换同型号的高压电容 2. 若无电容表，则可以用万用表的电阻挡测量其充电过程，通过指针的偏转来判断电容的容量（注意防止高压电击），若无此操作经验，最好通过用同规格的电容的测量来比对确定
4	检查高压二极管	用万用表 $R\times10\ \text{k}\Omega$ 挡测量，正向电阻值为 150 kΩ 左右，反向电阻为无穷大为正常，不符合上述电阻值的则为损坏，需更换同型号的高压二极管

2. 带烧烤功能的微波炉不能烧烤的故障维修

（1）故障现象

开启微波炉微波烹调功能时，食物加热正常，但是开启烧烤功能后，不能加热食物。

（2）故障分析

微波功能正常说明微波炉低压控制电路和高压电路均正常。不能烧烤通常是烧烤支路有问题。如火力选择开关中的烧烤开关触点有问题，烧烤继电器损坏，烧烤用电热管损坏等。

（3）维修方法及步骤

根据故障分析，可采用万用表测量法、设备拆解观察法和更换元器件法来完成对故障可能性的检测与确认，以便选择合理的故障排除措施。该故障的具体维修方法见表 1—5—8。

表 1—5—8　　带烧烤功能的微波炉不能烧烤故障维修方法

步骤	检查内容	维修方法
1	检查火力选择开关中的烧烤开关触点	故障原因可能是火力选择开关中的烧烤开关触点不能闭合，致使烧烤支路不得电，石英加热管不能发热进行烧烤。断开电源，将火力选择开关选择在仅烧烤功能，用万用表欧姆挡测量烧烤开关引出接点的电阻，正常值应该为 0 或很小。若电阻值很大，说明开关触点已被氧化或开关损坏，此类故障一般要更换同型号火力选择开关
2	检查烧烤继电器	故障原因可能是烧烤继电器的常闭触点不能闭合，引起石英发热管不通电。断开电源，用万用表欧姆挡检测继电器的常闭触点是否闭合，若电阻值很大，说明触点已不能闭合。可以将引线调至继电器的另一组常闭触点，故障应可排除
3	检查烧烤用电热管	故障原因可能是石英发热管损坏引起不发热。用万用表欧姆挡检测石英管的电阻值，正常时冷态电阻值一般为几十欧。若电阻值为无穷大，说明该石英发热管内部电阻丝烧断，应更换石英发热管

除了本任务中已经检修的故障外，微波炉常见的故障现象还有很多，其他常见故障的故障原因及维修方法见表 1—5—9。

表 1—5—9　　微波炉其他常见故障的故障原因及维修方法

故障现象	故障原因	维修方法
接通开关后，不能加热，炉灯也不亮	1. 电源插头与插座接触不良或断线 2. 熔断器烧断 3. 炉门没关好 4. 炉门安全开关接触不良或损坏	1. 检查并修理电源插头与插座，将两者插紧 2. 查明原因并更换熔断器 3. 检查是否有异物阻碍炉门的正常关闭 4. 用细砂纸修磨安全开关触点使其接触良好，若严重损坏，则予以更换
定时器失灵	1. 连接定时器的导线开路 2. 定时器触点烧结 3. 定时器损坏	1. 检查导线并连接好 2. 修磨触点 3. 更换定时器
炉灯亮，但不能加热（即不能烹调）	1. 高压整流器与磁控管之间的高压线路开路或短路 2. 变压器的高压绕组损坏 3. 整流二极管击穿 4. 高压电容器漏电或击穿 5. 磁控管不良 6. 炉门安全开关损坏	1. 逐一检查线路并排除故障 2. 重绕高压绕组或更换变压器 3. 更换整流二极管 4. 更换高压电容器 5. 更换磁控管 6. 修理或更换炉门开关

续表

故障现象	故障原因	维修方法
炉腔灯亮，但搅动器叶片不转	1. 搅动器电动机损坏 2. 连接搅动器电动机的导线断路	1. 修理或更换电动机 2. 仔细检查，并连接好断路处
指示灯不亮	1. 降压电阻烧断 2. 指示灯灯座松动 3. 指示灯烧坏	1. 更换降压电阻 2. 重新固定 3. 更换指示灯
漏电	1. 炉膛内的电气元器件连接部分碰壳，引线绝缘损坏 2. 微波炉严重受潮	1. 检查各电气部分，分离接触部分，并重新包上绝缘层 2. 用电吹风做干燥处理
磁控管不能加高压	1. 阴极与阳极短路或接触不良 2. 磁控管漏气或真空度不够 3. 带有励磁线圈的，励磁电流没有加上	1. 取出管子，用万用表测阴、阳两极间电阻，若很小或在阴极热状态时短路，则需更换新管子 2. 若稍加高压，磁控管的阳极电流很大，很可能是磁控管漏气或真空度不够，需换用新管 3. 若稍加高压，磁控管的阳极电流就很大，还需检查励磁电流是否加上
有高压但无电流	1. 磁控管灯丝烧断 2. 灯丝安全保护熔断器熔断	1. 用万用表测试灯丝引出线，如不通则是灯丝烧断，需换用新管 2. 用万用表测试熔断器，如果不通，则需要更换熔断器，但更换新件前一定要查明熔断的原因
经常损坏磁控管	1. 磁控管长期未用，内部含有气体 2. 大功率挡预热不足 3. 阴极与阳极之间绝缘强度降低（打火）	1. 先灯丝通电不加高压，然后再试用 2. 先充分预热，若预热后仍有此现象，应注意灯丝电流是否正常，灯丝引线接触是否良好 3. 先降低电压后试工作，若正常再加大电压，若出现“打火”现象则是绝缘强度降低，应更换新管

新型微波炉

1. 智能型微波炉

智能型微波炉的结构与普通型微波炉基本相同，主要区别在于控制系统。智能型微波炉用单片机及轻触开关代替普通型微波炉中的定时器和功率控制器。如图 1—5—21 所示是智能型微波炉的内部结构。智能控制板由单片机、电源变压器、晶体管、阻容元器件及继电器等组成。单片机根据用户指令及检测到的有关信号，经其内部处理后，在各输出端上输出控制信号，经晶体管放大后，去控制相关继电器的状态（吸合或释放），由继电器的触点再去控制微波炉上的转盘电动机、风扇电动机、高压变压器、烧烤器等器件的通、断电，实现对微波炉加热时间、加热功率、加热方式的控制。智能型微波炉通常在操作面板上设有若干个轻触按键。当按动某一个轻触按键时，它内部的触点闭合，将设置信号输入给单片机，由单片机执行该指令，并将执行的功能及时间显示出来。

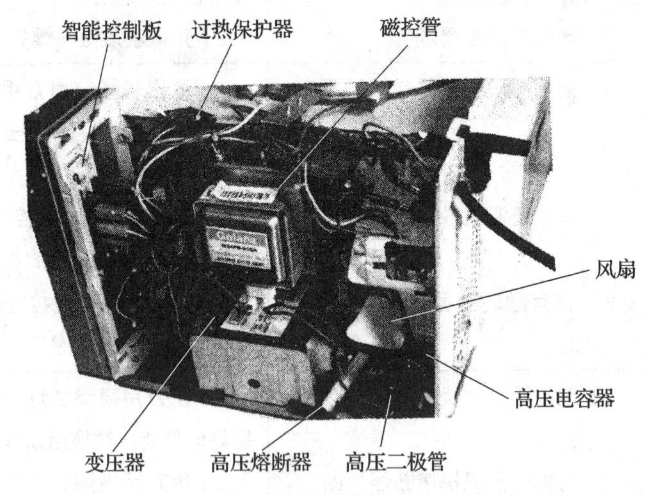

图 1—5—21　智能型微波炉的内部结构

下面以某一品牌微波炉的电路为例，说明采用单片机控制的微波炉的工作原理。整机电路如图 1—5—22 所示。虚线框内是智能控制板。SA1、SA2 为炉门安全联锁开关，SA3 为炉门检测开关，SA4 为炉门监控开关，KA1 为功率控制继电器，KA2 为定时控制继电器，SA6 为轻触开关组。变压器 T 提供磁控管所需的电压，VD 和 C 组成倍压整流电路，M1、M2 分别为转盘电动机和风扇电动机。使用时，将食物放入炉腔，关上门，SA1、SA2、SA3 闭合，SA4 断开。根据需要选择烹调程序后，按下启动键，单片机输出信号使继电器 KA2、KA1 吸合，动合触点闭合。这时磁控管得电开始产生微波，经波导管输入炉腔，对食物加热。同时转盘电动机 M1、风扇电动机 M2、炉灯 HL 也通电工作。定时器、显示器开始倒计时。当设定的程序结束时，单片机使继电器 KA2、KA1 断电释放，切断微波炉的电源。在程序未结束时，如需中断，可按暂停键，则计算机立即使 KA2、KA1 释放；也可直接打开炉门，通过 SA1 ~ SA4 来中断加热。如需继续加热，关上炉门，再按启动键，微波炉即可继续工作。

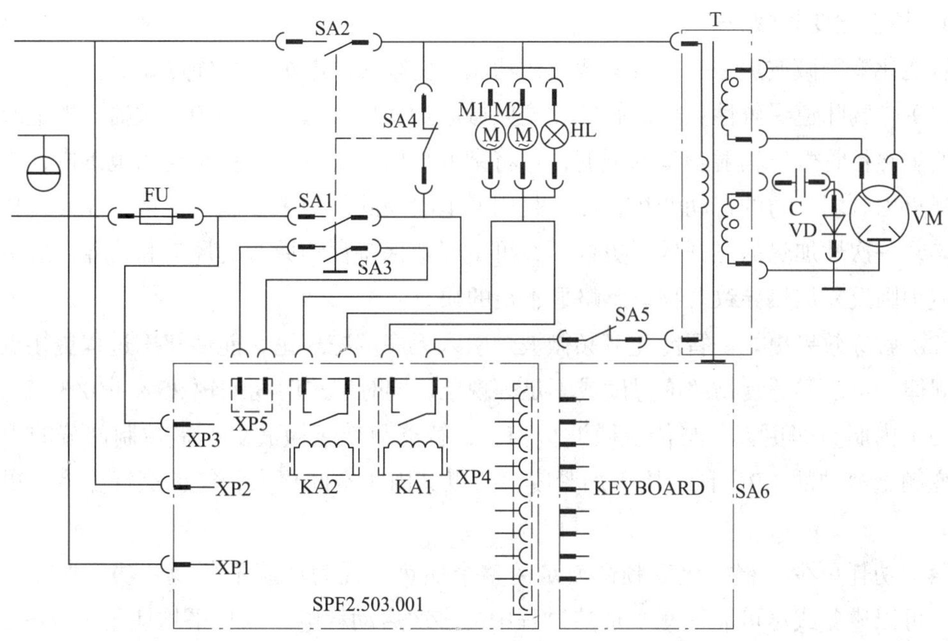

图 1—5—22　智能型微波炉整机电路图

2. 采用球体微波技术的微波炉

传统微波炉是用几个不同相位的束射波，通过反射碰撞实现对食物的加热。球体微波技术是采用无数个不同相位和不同时间的束射波，构成球体微波。每一束射波在炉腔内传播，再经过无数次反射，会产生无数个新的球体微波，使微波加热更均匀、更迅速、更省电，烹饪效果更理想。传统微波与球体微波对比如图 1—5—23 所示。

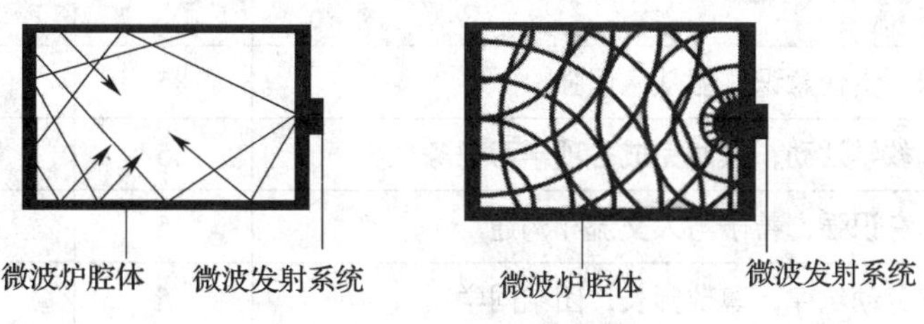

图 1—5—23　传统微波与球体微波的对比

a）传统微波　b）球体微波

3. 采用多重防微波泄漏技术的微波炉

“微波泄漏”一直是消费者担心的问题，我国规定家用烹饪微波炉或工业微波加热设备的微波泄漏量为：在距离设备 5 cm 处，微波功率小于 5 mW/cm^2。为确保用户更加安全地使用微波炉，有的微波炉制造厂商采用多重防微波泄漏技术，包括采用特殊的材料、炉门结构、开关系统及网孔板等，将微波炉泄漏量控制在 0.1 mW/cm^2 以下，低于国家标准的 1/50。

4. 智能化变频微波炉

智能化变频微波炉是一款具有智能化功能的变频式微波炉，其优点如下。

（1）食物味道保鲜性更好。智能化变频微波炉采用计算机控制的变频器，能适时地控制微波炉磁控管微波辐射功率的强弱，可将微波炉内的温度稳定在预定的范围内，真正实现从强火力到弱火力的自动调控，而不是用通电时间的长短来控制。这样，能使食物受热更均匀，一次性加热的烹饪效果更好，并可更好地保持食物原有的风味和营养。避免了传统微波炉因反复加热导致食物口感略显不足的缺点。

（2）解冻效果更好。智能化变频微波炉引入无序解冻理论，能使解冻过程更接近自然解冻规律，可以避免食物解冻过度或不足等现象，同时解冻时间缩短 25%～40%。

（3）内胆空间更大。与传统微波炉相比，智能化变频微波炉机械控制部分的重量只有非变频微波炉的 1/9，且结构更加紧凑，所以其内胆空间更大，能够烹饪更多、更大的食物。

（4）功耗更少。智能化变频微波炉的整个加热过程为连续不断地变功率加热，一次完成。可以避免或尽可能地减少加热过程中的多次启动耗电。以日平均使用 15 min 计算，一年可节省约 15% 的电费。

任务评价

根据任务考核评分表（见表 1—5—10）进行任务评价。

表 1—5—10　　任务考核评分表

评价项目	评价标准	配分	自我评价	小组评价	教师评价
职业素养	安全意识、责任意识、服从意识强	5			
	积极参加教学活动，按时完成各项学习任务	5			
	团队合作意识强，善于与人交流和沟通	5			
	自觉遵守劳动纪律，尊敬师长，团结同学	5			
	爱护公物，节约材料，工作环境整洁	5			
专业能力	能说出微波炉的结构	5			
	理解微波炉的加热及控制原理	10			
	能正确拆装微波炉	10			
	能准确判断磁控管、变压器、高压电容器、高压二极管及电动机等器件的好坏	15			
	能正确分析微波炉常见故障原因并排除故障	20			

续表

<table>
<tr><th>评价项目</th><th colspan="2">评价标准</th><th>配分</th><th>自我评价</th><th>小组评价</th><th>教师评价</th></tr>
<tr><td rowspan="2">专业能力</td><td colspan="2">了解智能型微波炉的结构及工作原理</td><td>10</td><td></td><td></td><td></td></tr>
<tr><td colspan="2">了解新型微波炉的种类和特点</td><td>5</td><td></td><td></td><td></td></tr>
<tr><td colspan="3">合计</td><td>100</td><td></td><td></td><td></td></tr>
<tr><td colspan="2" rowspan="2">总评</td><td rowspan="2">自我评价 × 20% + 小组评价 × 20% + 教师评价 × 60%=__________</td><td>综合等级</td><td colspan="3" rowspan="2">教师（签名）：</td></tr>
<tr><td></td></tr>
</table>

注：学习任务考核采用自我评价、小组评价和教师评价三种方式，考核分为 A（90~100）、B（80~89）、C（70~79）、D（60~69）、E（0~59）五个等级。

项目二　电动器具原理与维修

任务1　电风扇原理与维修

学习目标

知识目标

1. 了解电风扇的结构。
2. 理解电风扇的调速方法及电路原理。
3. 了解新型电风扇控制电路的工作原理。

能力目标

1. 能正确拆装电风扇。
2. 能识别电风扇的主要器件并判断其好坏。
3. 能排除电风扇的常见故障。

任务引入

电风扇是由电动机带动风叶旋转，以加速空气流动或使室内外空气交换，从而达到改变局部环境温度的一种电动器具。电风扇是进入家庭较早的一种电器产品，随着电子技术和传感技术的发展，以及消费者需求的提高，电风扇也在不断向豪华、高档、电子控制以及能产生模拟自然风的方向发展，并且在造型、工艺和选材上更趋于完善。

电风扇的种类很多，分类方法也不尽相同。

（1）按照应用电子技术、微型计算机技术的程度不同，可分为普通电风扇与高档电风扇两大类。

（2）按照电风扇使用的电源不同，可分为交流电风扇、直流电风扇与交直流电风扇三大类。家庭一般使用单相交流电风扇，车辆、船舶上一般使用直流电风扇或交直流两用电风扇。

（3）按照电风扇使用的电动机形式不同，可分为单相交流罩极式、单相交流电容式与串励式（直流或交直流两用）三类电风扇。单相交流电容式电动机的启动性能、运行性能都比较好，应用最为广泛。

（4）按照电风扇的结构和用途不同，可分为台扇类、吊扇类、排气扇、箱式电风扇（又称鸿运扇、转页扇）等多种形式。台扇类包括落地扇、壁扇和台扇（见图 2—1—1）；吊扇可分为普通吊扇和豪华吊扇。

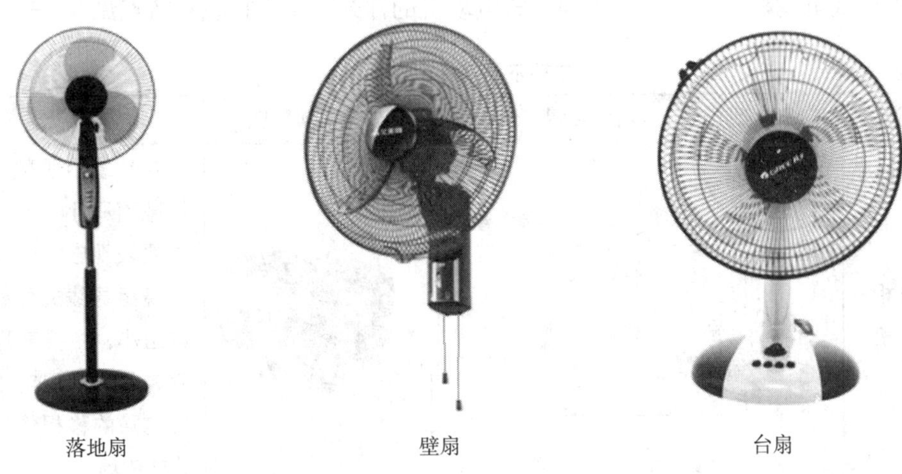

图 2—1—1　台扇类电风扇

本任务首先介绍落地式电风扇的结构和工作原理。然后在教师带领下拆装电风扇，熟悉电风扇的结构及主要器件，掌握它的拆卸、安装方法，了解其工作原理及典型电路。最后进行台扇类电风扇的电动机、电容器、电抗器、定时器、琴键开关等主要部件的检测，判断它们的好坏，并从故障现象出发，分析故障原因，掌握排除电风扇常见故障的方法。在此基础上，了解电子技术在电风扇控制电路中的应用，以及模拟自然风电路、红外线遥控电路的工作原理。

知识准备

一、落地式电风扇的结构

在电风扇中，落地式电风扇（简称落地扇）是一种基本的结构形式，是家用电风扇的主要成员之一，其结构组成相对复杂，且有一定的代表性，掌握了落地扇的结构组成也就对其他类型的电风扇结构有了一定的了解。落地扇由底盘、立杆、控制盒、扇头、扇叶及防护网等部件组成，其基本结构如图 2—1—2 所示。

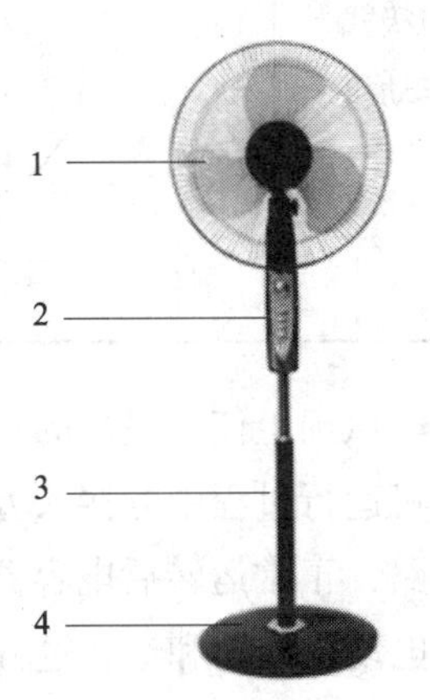

图 2—1—2　落地扇的基本结构

1—扇头　2—控制盒

3—立杆　4—底盘

1. 扇头

扇头是电风扇的主要动力源和传动机构部件，由电动机、摇头机构及连接头组成。

（1）电动机

家用电风扇上的电动机都是单相交流式，常用的有阻抗分相式电动机、电容分相式电动机和罩极式电动机三类。三种不同形式电动机的样式、绕组接线和特点见表 2—1—1。

表 2—1—1　　三种不同形式的电动机

电动机类型	电动机绕组接线图	电动机实物图	特点
阻抗分相式电动机	启动绕组 离心开关 3 4 200V 2 运行绕组 1		启动绕组匝数多、导线截面积小、电阻大，主要表现电阻特性；运行绕组导线截面积大、电阻小，主要表现为电感特性。利用电阻、电感电路的移相作用产生旋转磁场
电容分相式电动机	启动电容 启动绕组 3 4 200V 2 运行绕组 1		启动绕组、运行绕组的导线截面相差不大，都表现为电感特性，利用外接的启动电容使两个绕组中电流形成相位差，从而形成旋转磁场
罩极式电动机	转子		罩极式电动机的绕线绕组只有一个，但是在每个磁极上均有 1 个短路铜环，构成罩极绕组。在罩极裂相作用下，产生旋转磁场。其旋转磁场轴线的移动方向是由磁极的未罩部分转向罩极部分

电风扇上使用最多的是电容分相式电动机，电容分相式单相异步电动机根据电容器在电动机运行过程中的接入方式不同，又可分为电容启动式（只有电动机启动时电容器才接入电路，正常运转后电容器与电路分离，启动绕组不参与电动机的运转过程）、电容运转式（电动机启动和运行过程中，电容器都接入电路，启动绕组参与电动机的运转过程）和电容启动电容运转式（电路中有两只电容器，一只作为启动电容器，另一只作为运行电容器）。其中在小功率家用电动设备中多采用电容分相式电容运转式的单相异步电动机。三种电容分相式单相异步电动机的绕组接线如图 2—1—3 所示。

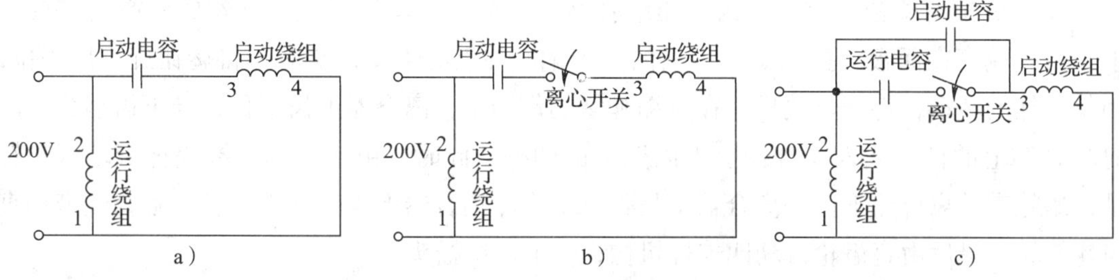

图 2—1—3　电容分相式单相异步电动机

a）电容启动式　b）电容运转式　c）电容启动电容运转式

（2）摇头机构

摇头机构由减速机构、连杆机构、控制机构与过载保护装置组成。常见的摇头机构有杠杆离合式和揿拔式两种。这两种形式的减速机构、连杆机构是相同的，区别是控制机构与过载保护装置。

1）杠杆离合式摇头机构。杠杆离合式摇头机构是电风扇上应用最多的一种摇头机构。它主要由减速机构、四连杆机构、控制机构及过载保护装置四部分组成，如图 2—1—4 所示。

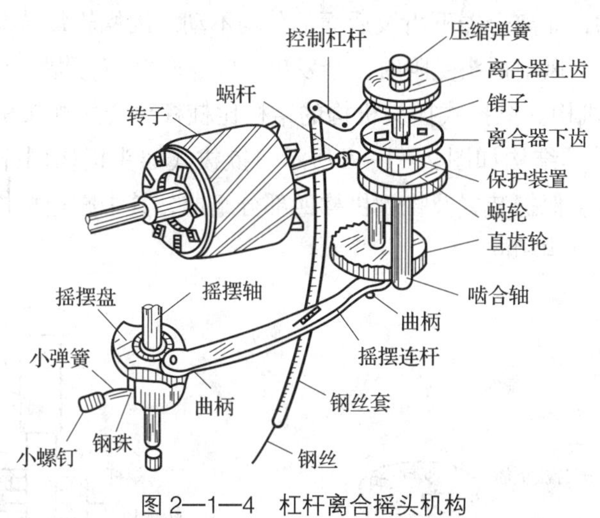

图 2—1—4　杠杆离合摇头机构

电动机轴的后端制成蜗杆，伸入齿轮箱内，与蜗轮啮合，组成第一级减速。由与蜗轮转速相同的啮合轴带动位于齿轮箱下方的直齿轮，是第二级减速。经过两级减速，将电风扇电动机转轴的高转速（如四极电动机转速约为 1 400 r/min）降低到直齿轮的低转速（4 ～ 7 r/min）。

四连杆机构由直齿轮、摇摆连杆、摇摆盘等组成，作用是将转动变为来回摆动。摇摆连杆的一头套在直齿轮的偏心柱上，另一头套在摇摆盘的偏心柱上。当处于摇头状态时，直齿轮慢速转动，带动它上面的偏心柱绕直齿轮中心转动。由于摇摆盘由设置在连接头（扇头与机身的连接件）内的被弹簧顶紧的钢珠定位，直齿轮转动时，迫使扇头来回摆动。

控制机构由离合器上、下齿，压缩弹簧，杠杆，钢丝等组成。钢丝的一端套在杠杆上，另一端套在面板上控制旋钮下面的一个偏心柱上。需要摇头时，将旋钮旋至摇头位，因偏心柱的转动，将钢丝放松；在压缩弹簧的作用下，离合器上齿下移，与下齿啮合，同时啮合轴上的销子嵌入离合器上齿内壁上的凹槽。此时，由转子轴后端蜗杆带动蜗轮转动，蜗轮带动离合器下齿，离合器下齿带动上齿，离合器上齿带动啮合轴，啮合轴带动直齿轮旋转。最后由直齿轮带动四连杆机构，使电风扇摇头。

当不需要摇头时，将控制旋钮旋至停止位，因偏心柱的反向转动而拉紧钢丝。通过杠杆的定轴转动而将离合器上齿抬起，与下齿脱离，同时啮合轴上的销子也由离合器上齿内壁凹槽中脱出。此时，虽然蜗轮和离合器下齿仍在转动，但离合器上齿、啮合轴等均不动。

为了防止电风扇在摇头时，因意外受阻造成摇头机构或电动机损坏，摇动机构中还设有过载保护装置。它由半圆形的弹簧片、钢珠及蜗轮上部的U形槽组成，如图2—1—5所示。它位于蜗轮和离合器下齿之间，即离合器下齿通过两颗被弹簧片夹紧的钢珠与蜗轮啮合。

因蜗轮与蜗杆、啮合轴与直齿轮总是啮合的，且摇头时离合器上、下齿，啮合轴与离合器上齿也处于啮合状态，当电风扇在摇头过程中意外受阻时，蜗轮转动而离合器下齿不能动，两者之间的相互作用使钢珠推动弹簧片张开，钢珠由离合器下齿外圈上的凹槽中脱出，随蜗轮一起转动，而离合器下齿及后面部分均不动。因蜗轮每转动半周，钢珠会落回凹槽中一次。因此，电风扇摇头受阻时，会发出“咔、咔”声，提醒人们注意。

2）揿拔式摇头机构。揿拔式摇头机构的结构比杠杆离合式摇头机构简单，但性能可靠，故障率也较小，其结构如图2—1—6所示。揿拔式摇头机构同样也是由两级减速机构、四连杆机构、过载保护装置及控制机构四部分组成，其中减速机构和四连杆机构的结构与杠杆离合式摇头机构相同。

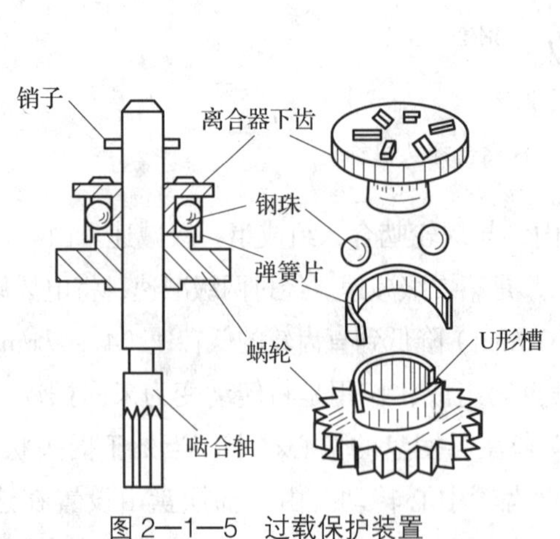

图2—1—5　过载保护装置

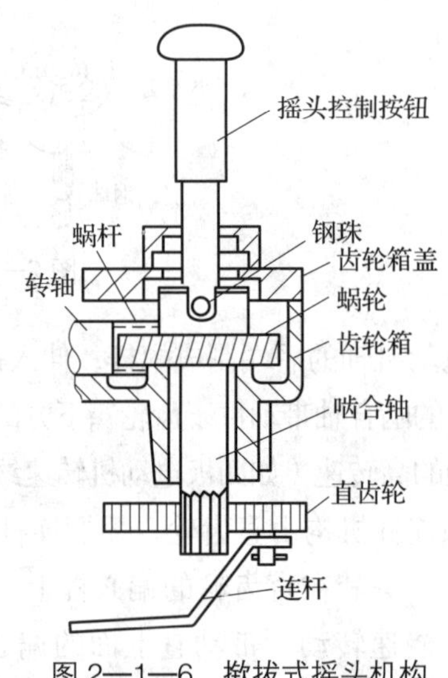

图2—1—6　揿拔式摇头机构

（3）连接头

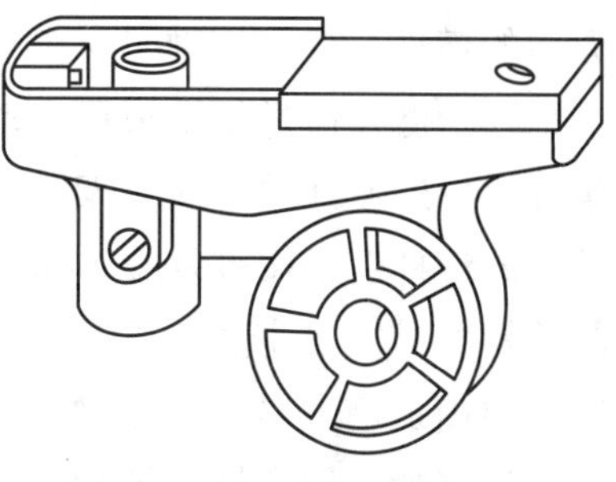

图 2—1—7　连接头的外形

电风扇上的扇头通过连接头与底座连接。连接头的外形如图 2—1—7 所示。它的前端开有竖直插孔，电动机的摇摆轴即插入此孔内，通过侧壁上的顶丝，将摇摆轴锁定。有的落地扇摇摆轴较长，底部会伸出连接头插孔之外，此时需在摇摆轴上的销钉孔内插入销钉，将摇摆轴锁定，使其可以在水平面内转动，而不能在竖直方向移动。为了使扇头在摇头时能灵活转动，扇头与连接头之间还放有滚珠。

对于杠杆离合式摇头机构，在连接头摇摆轴孔的前端嵌有被弹簧顶紧的钢珠，用于限定摇摆盘。连接头的下端通过螺钉与底座相连，通常还有竖直方向的俯仰角调节功能。

2. 支承机构

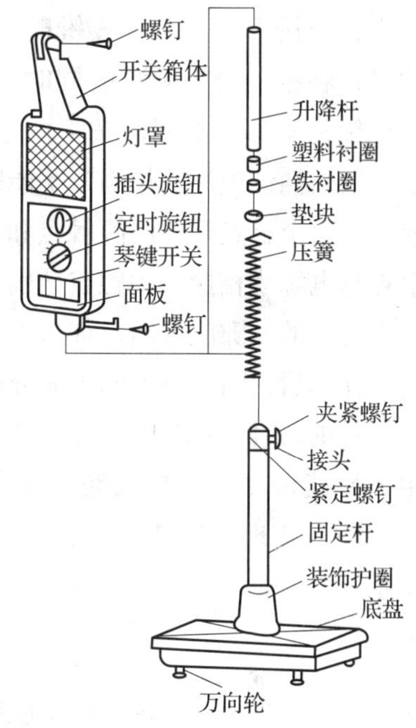

图 2—1—8　落地扇支承机构的结构

落地扇的支承机构主要由控制盒、立杆和底盘三部分组成，其结构如图 2—1—8 所示。控制盒由铝合金压铸而成，它的顶部分叉用来安装连接头，底端与升降杆连接。它的中部为矩形空心盒，内部用来安装各种电气控制元器件。

立杆可分为固定杆和升降杆两部分。固定杆为空心圆管，内部套有弹簧，底端用螺钉连接在底盘上，升降杆插在固定杆中。通过升降杆可以调整电风扇的高度，一旦调整好，应拧紧夹紧螺钉以定位。因落地扇的重心位置较高，为保持足够的稳定性，落地扇的底盘采用铸铁制成。底盘的下面一般装有小万向轮，便于移动。

3. 调速和定时机构

目前生产的普通型电风扇一般都具有多挡（多为三挡）速度和定时自动断电功能。应用较多的调速方法是将一电抗器与电动机串联，通过调速开关分别接通电抗器的各个抽头，使电动机得到不同的转速。定时控制中使用最多的是机械发条式定时器。

电风扇上用于转换电动机转速的控制开关普遍使用按键式开关（在电风扇中通常称为琴键开关）。它由按键组件、滑板机构和触点开关组三部分组成，其结构如图 2—1—9 所示。按键的数目根据调速的挡位数而定，有的还增设一个按键用于单独控制照明灯。除此以外，还必须有停止（断电）控制键。每个按键包括按键、键杆、按键复位弹簧、绝缘板等。键杆上有两条直槽，上直槽用于锁定键杆，下直槽内安放绝缘板。按键上还有一水平方向的横杆，按下按键时，由它推动滑板平移。键杆通过绝缘板压在动触点弹簧片上，以使开关金属支架不带电。滑板释放键杆后，按键复位弹簧使键杆弹起（复位）。在滑板的一侧还有一水平槽轨，槽内放有几块（按工作挡位而定）梯形的铁片，称为挡位锁片。因为每个挡位锁片的宽度略大于相邻两键杆间的距离，当按下某个工作按键时，键杆上的横杆在推动滑板侧移的同时，也推动挡位锁片侧移。如同时按下两个工作按键，则因挡位锁片的作用，不能同时按下，可以避免两个触点同时闭合而造成电路的短路故障。每个触点开关由静触点和动触点组成。动触点固定在具有较好弹性的磷铜片上。静触点与电源线相接，动触点分别接到电抗器或抽头调速电动机的各个调速抽头上。动、静触点之间的间隙应恰当，如过大，会使按键按下后触点不能可靠闭合；如过小，则可能使按键弹起后，因触点不能可靠分离而造成两个触点同时闭合，出现短路故障。

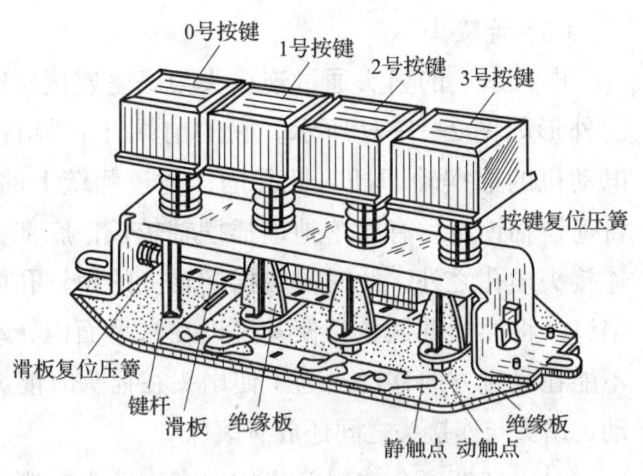

图 2—1—9　按键式开关的结构

定时器主要用于控制电动机的工作时间。机械发条式定时器因具有电路连接简单、性能可靠、价格低廉等优点而被广泛使用于电风扇。它利用钟表原理控制触点的通、断，实现定时控制。整个结构由触点开关和走时机构两部分组成，如图 2—1—10 所示。

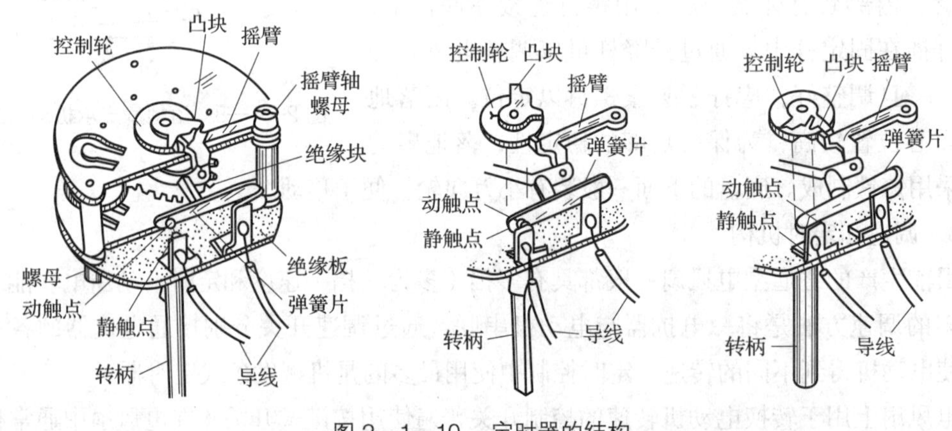

图 2—1—10　定时器的结构

触点开关由凸块、控制轮、摇臂、绝缘块、弹簧片、动触点、静触点等组成。凸块和控制轮与定时器的转柄同轴转动，摇臂头紧靠在控制轮上。当摇臂头落到控制轮凹槽中时，弹簧片的弹力使动、静触点分离，从而切断电路。控制轮的其他位置与摇臂头接触时，摇臂通过绝缘块压紧弹簧片，使触点闭合。定时过程如下：发条自然恢复过程中向齿轮组、控制轮提供动力，使之匀速转动。此时摇臂通过绝缘块压紧弹簧片，触点闭合、电风扇运转。当控制轮转动到摇臂头落入它上面的凹槽中（定时时间到）时，摇臂放松弹簧片，在弹力作用下，动、静触点分离，电风扇断电停止运转。

二、落地式电风扇的工作原理

1. 普通落地式电风扇的电路原理

普通落地式电风扇的控制电路如图 2—1—11 所示，电路由定时器、调速开关、电容器、电动机、指示灯等组成。定时器和调速开关串联在电路中，只有当两者同时接通时，电风扇才能启动。普通落地式电风扇的工作流程见表 2—1—2。

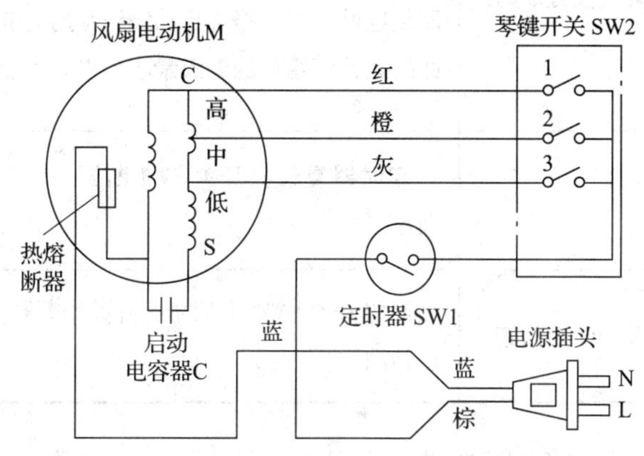

图 2—1—11　普通落地式电风扇的控制电路

表 2—1—2　普通落地式电风扇的工作流程

序号	工作流程	电路相应工作情况
1	插上电源，接通 AC 220 V 电源	由于定时器 SW1、转速琴键开关 SW2 都没有闭合，因此 AC 220V 没有加到电动机上，电动机不转动
2	旋转定时器，按下高速运转挡按键 1 时	220 V 交流电经电源插头、定时器 SW1、琴键开关 SW2 的 1 号开关，加到电动机的公共端 C 处，一路经运行绕组直接回到电网，另一路经调速绕组、启动绕组、启动电容器 C 构成闭合回路，定子绕组在电枢上形成旋转磁场，运行绕组中的电流最大，电动机转子带动扇叶高速旋转

续表

序号	工作流程	电路相应工作情况
3	按下中速运转挡按键 2 时	220V 交流电经插头定时器 SW1、琴键开关 SW2 的 2 号开关，加到电动机的调速绕组中间端，一路经部分调速绕组、运行绕组回到电网，另一路经部分调速绕组、启动绕组、启动电容器 C 构成闭合回路，此时运行绕组中的电流较高速挡时小，电风扇中速旋转
4	按下低速运转挡按键 3 时	220V 交流电经插头定时器 SW1、琴键开关 SW2 的 3 号开关，加到电动机的启动绕组端，一路经全部调速绕组、运行绕组回到电网，另一路经启动绕组、启动电容器 C 构成闭合回路，此时运行绕组中的电流最小，电风扇慢速旋转
5	定时时间到	定时器复位，开关 SW1 断开，电动机绕组断电，停止转动
6	按动琴键开关的停止按钮	琴键开关 SW2 上的所有开关均断开，电动机绕组断电，停止转动

2. 模拟自然风电风扇的电路原理

电风扇要产生自然风的效果，就要使它的电动机处于间歇工作状态。应用最多的模拟自然风电路的核心是自激多谐振荡器，通过振荡器输出的信号控制继电器的重复吸合、释放，或者控制晶闸管重复导通、关断，使电动机时而得电，时而失电。在通电过程中，其转速由慢逐渐变快；断电后又由快到慢直至停歇。扇叶送出的风不断以“弱—强—弱—停—弱—强……”的规律变化。模拟自然风的运转周期可以通过调节振荡器的周期或占空比进行改变。

如图 2—1—12 所示为某一模拟自然风电风扇的电路原理图。电路中采用一个能间歇运转的电子选时装置，集成电路 IC 是一个以 NE555 时基电路为核心器件的自激多谐振荡器。电路中充、放电电容为 C2，二极管 VD6 引导充电回路，充电时间常数 $T_1=(R_1+RP_1)\times C_2$。当 C2 上的电压充到略高于 2/3 Ucc 时，通过 R2、RP2 对 IC 的 7 脚放电，放电时间常数 $T_2=(R_2+RP_2)\times C_2$。在 C2 放电过程中，IC 的 3 脚输出低电平，继电器 KR 吸合，动断触点 KR 断开，电风扇断电停歇。停歇时间 $t_{停}=0.693T_2$；在 C2 充电过程中，IC 的 3 脚输出高电平，继电器 KR 释放，动断触点复位，电风扇得电运转。运转时间 $t_{转}=0.693T_1$。调节 RP1 可以改变电风扇的运转时间，调节 RP2 则可以改变电风扇的停歇时间。

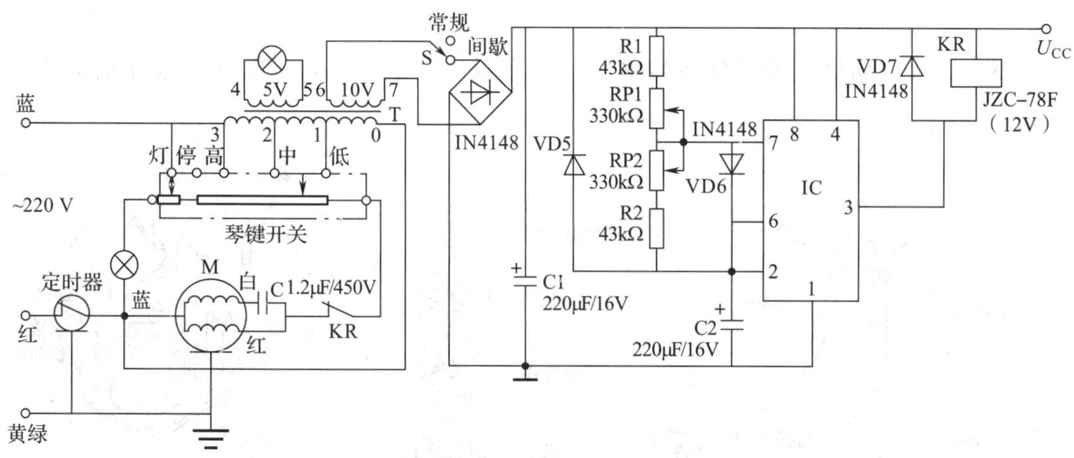

图 2—1—12　模拟自然风电风扇电路

方向控制电路提供较稳定的低电压（10 V），电风扇的调速采用自耦变压器式电路。配合三挡琴键开关和常规风与自然风选择开关 S，共可得到强、中、弱三种常规风和周期可调的强阵风、中阵风、弱阵风三种模拟自然风，共六种风型。

任务实施

一、器材准备

万用表、兆欧表、旋具、钢丝钳、尖嘴钳、活扳手、杠杆离合式摇头机构的落地扇等。

二、活动实施过程

活动 1　台扇的拆装

1. 摇头机构的拆卸

杠杆离合式摇头机构是电风扇上采用较多的一种摇头机构，也是电风扇上比较复杂的一个机械机构。如图 2—1—13 是这种摇头机构的立体分解图。它的拆卸步骤如下：

（1）拆下电风扇扇头后端外壳。

（2）旋松钢丝套支架上的紧固螺钉，将压板移开后，取出钢丝套。

（3）旋下齿轮箱盖上的紧固螺钉，取下齿轮箱盖。

（4）拔出齿轮箱盖上作为杠杆转轴用的长开口销钉，取下杠杆，然后将离合器上齿、压簧等由齿轮箱盖中取出。

（5）旋松啮合轴定位螺钉，拔出啮合轴。

（6）拆下离合器下齿、过载保护装置和蜗轮。

（7）拔出直齿轮偏心柱上的开口销钉，取下连杆。旋松直齿轮定位螺钉，向下拔出直齿轮。

（8）旋松电动机摇摆轴的定位螺钉，向上拔出摇摆轴，取下垫圈、滚珠轴承和摇摆盘。

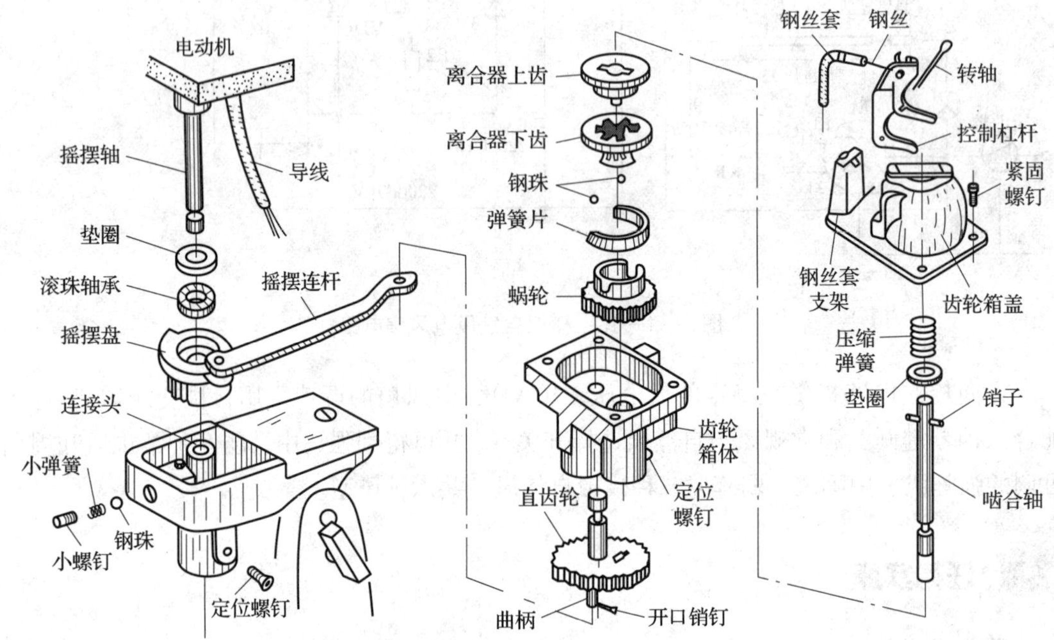

图 2—1—13　杠杆离合式摇头机构的立体分解图

（9）旋出摇摆盘定位装置中的小螺钉，取出小弹簧和钢珠。

（10）将已拆下的所有金属件浸泡在汽油中清洗。

（11）擦拭干净各零件上的污垢和汽油，并检查各零件有无破损、变形及严重磨损等情况，如有，则应更换。

（12）完成拆卸后，填写表 2—1—3。

表 2—1—3　摇头机构零部件名称

摇头机构的组成	减速机构的主要零部件名称	
	控制机构的主要零部件名称	
	四连杆机构的主要零部件名称	
	保护机构的主要零部件名称	

2. 杠杆离合式摇头机构的安装和调整

（1）把摇摆轴套在电动机座上，装好滚珠轴承和垫圈。

（2）装上定位钢珠和小弹簧。

（3）从齿轮箱下面把直齿轮轴插入轴孔中，旋紧直齿轮定位螺钉。将连杆套在直齿轮下面的偏心柱上，并插入开口销钉定位。

（4）将蜗轮和保护装置装入齿轮箱内。

（5）由上往下装好啮合轴。

（6）将压簧、垫圈、离合器上齿放入齿轮箱盖里，放好控制杠杆，装好转轴。

（7）将齿轮箱上盖装在齿轮箱上。

（8）把钢丝套放在支架上，旋紧压板上的紧固螺钉。

（9）边旋动摇头控制旋钮，边观察钢丝拉动杠杆的情况，观察其能否将离合器上齿抬起或放下，如钢丝长度不合适，应做适当调整。

（10）接通电源，再旋动摇头控制旋钮，检查摇头机构工作是否正常。

（11）在电风扇摇头运转的情况下，用手阻止网罩摆动，观察扇叶是否能继续运转，且有“嘀、嘀”声发出。如无“嘀、嘀”声，说明过载保护装置存在故障，应拆开检查，重新装配。

3. 电动机的拆卸

如图 2—1—14 所示是风扇电动机立体分解图。拆卸步骤如下：

（1）拆下直齿轮偏心柱上的开口销钉，取下连杆。

（2）打开齿轮箱盖板，取出内部摇头机构的各个零件。

（3）旋下后端盖与前端盖的四个紧固螺钉，取下后端盖。

（4）向后抽出转子。

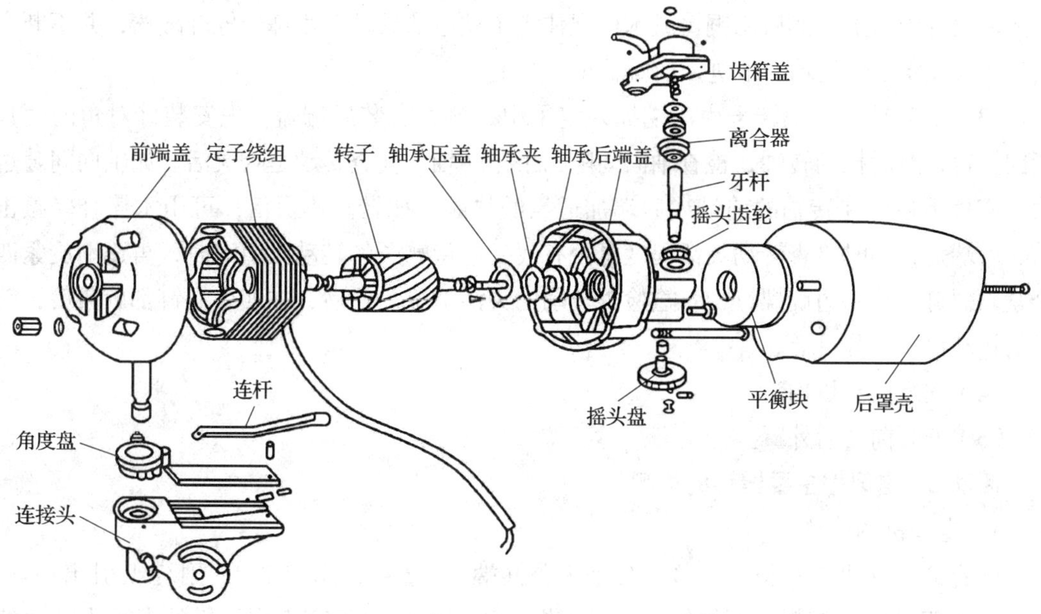

图 2—1—14　风扇电动机立体分解图

（5）拆卸定子。为将定子铁芯由前端盖中取出，可以使用一个直径同前端盖接近的圆筒，筒内垫一些软布，把前端盖倒放在圆筒上，用一根铜棒或木棒插入前端盖内，顶在定子铁芯的前端面上，然后用锤敲击棒，并不断改变敲击点的位置，直到定子铁芯脱落。如定子绕组没有损坏，则不必拆卸定子。

（6）旋下前、后端盖上的轴承压盖固定螺钉，取出含油轴承，并检查轴承的磨损情况。将轴承套在转轴上，如有松动，说明已严重磨损，应予更换。如转动不灵活，则可能是因为转轴与轴承间有油污，可用汽油清洗。

（7）仔细观察定子和转子的结构，记下定子槽数和转子槽数。

（8）仔细观察定子结构，判断主绕组和副绕组的位置，记下线圈数，填写表2—1—4。

表2—1—4　　检测结果记录表

电动机磁极数	定子槽数	主绕组		副绕组		转子槽数
		位置	线圈数	位置	线圈数	

4. 电动机的安装

（1）安装轴承。安装前先把经清洗过的球形轴承体放入轻质机油（缝纫机油或20号机油）里浸泡几小时，使轴承体内的微孔充满机油，将轴承体放入端盖中的轴承座内，套好油毡，放好弹簧压片后装上压盖。

（2）安装定子。把前端盖放在一块中间开孔的木板上，按照拆卸前的位置，将定子放入前端盖的内口上，然后用铜棒或木棒顶住定子铁芯的后端，用锤子轻轻敲棒，并不断变换位置，使定子慢慢均匀地进入前端盖里。

（3）安装转子。把转子由后端插入定子中，接着安装后端盖。先安装好对角的两只紧固螺钉，然后拉动转轴，检查轴向间隙；手捻转轴，检查转动是否灵活。如轴向间隙过大，应拆下后，在转轴的前端或后端加适当的垫圈。如转动不灵活，可用木棒轻轻敲击前、后端盖，同时检查转动灵活程度是否有改变。待转子的转动无阻滞时，再逐渐旋紧四个紧固螺钉，且一边旋螺钉，一边检查转动的灵活情况。最后，在四个螺钉都旋紧后，转子的转动仍应十分灵活。

（4）安装摇头机构。

（5）安装前、后外罩。

活动2　电风扇主要器件的检测

1. 电动机的检测

电容式电动机有三根引出线，分别为公共端1、主绕组引出端2、副绕组引出端3，由于主绕组的线径较粗，副绕组的线径较细，所以就电阻而言，副绕组的电阻大于主绕组。一般有 $R_{23}>R_{13}>R_{12}$，$R_{23}=R_{12}+R_{13}$。利用这一规律，可用万用表的电阻挡判断三根引出端。

将电动机的三个引出端分别标记为 a、b、c。然后用万用表的 $R\times1\Omega$ 挡分别测定 a 与 b、b 与 c、c 与 a 之间的电阻。如 R_{bc} 最大，则可知 b 和 c 分别是主绕组引出端或副绕组引出端。虽不能确定 b、c 哪个是主绕组引出端，但可以确定悬空的那个引出端 a 肯定是公共端。然后比较 R_{ab} 和 R_{bc}。如 $R_{ab}>R_{bc}$，则 b 是主绕组引出端，c 是副绕组引出端。

对于一个正常的电容式电动机，用万用表测量电动机的三个引出端，都能测到一定的电阻值。如用低阻挡检测到某两根引出端之间的电阻为 0，表明定子绕组内部短路；如用高阻挡测得阻值为∞（不通），说明绕组断路；如用高阻挡测得绕组引出端与金属外壳间有一定阻值，说明该电动机绝缘下降或已损坏。如有这些情况出现，就要对电动机进行维修或更换电动机。

对定子绕组通电试运转。通电前，用兆欧表检测电动机的绝缘电阻，应大于 2 MΩ。如正常，可接通电源。观察电动机能否立即启动，运转时有无振动和噪声。如启动困难或有明显的振动和噪声，可能是前、后轴承的同心度还未调整好，可旋松前、后端盖间的紧固螺钉，用木棒敲击端盖进行调整。将观察和检测结果填入表 2—1—5。

表 2—1—5　　测量结果

<table>
<tr><th>引出线编号</th><th>引出线颜色</th><th>主绕组</th><th>副绕组</th></tr>
<tr><td>1</td><td></td><td rowspan="3"></td><td rowspan="3"></td></tr>
<tr><td>2</td><td></td></tr>
<tr><td>3</td><td></td></tr>
<tr><td colspan="2">电动机绝缘电阻 /Ω</td><td></td><td></td></tr>
</table>

2. 电容器的检测

一般电容式台扇类电风扇所用的电容器容量为 1 ~ 1.5 μF。用万用表的 $R\times1\ k\Omega$ 挡测量时，应能观察到明显的充电现象。万用表表笔刚接触电容器时，指针应向右偏转一个角度，然后向左摆动。电容器充足电后，指示的阻值应为∞。如测得阻值为 0，表明电容器已击穿。如有几百或几千欧的阻值，说明电容器漏电。这两种情况，均应更换电容器。另外，用同一电阻挡测量电容器时，电容器容量越大，开始时万用表指针向右偏转的角度就越大。因此，可以通过用与同容量电容器比较的方法，判断电容器是否失效。如失效，应进行更换。

3. 电抗器的检测

电风扇调速电抗器一般有六根引出线，其电路如图 2—1—15 所示。它的支架上共有两个独立的线圈。只有两个引出端的是指示灯绕组，有四个引出端的是调速绕组。调速绕组中，一个引出端接电动机的二次绕组，其余三个引出端分别连接调速琴键开关的快、中、慢三个动触点。

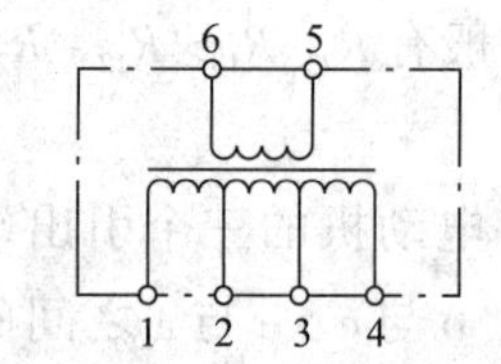

图 2—1—15　电抗器绕组电路

检测电抗器可用万用表的电阻挡进行。只有两个引出端相通，而与其他四个引出端均不通的，则此两个引出端间便是指示灯绕组，一般用 $R\times1\ \Omega$ 挡测量时电阻为几欧。调速绕组中，1 ~ 4 之间的阻值最大（几十欧），1 ~ 2 之间的阻值最小（几欧至十几欧）。如测量时同一绕组的两个引出端间阻值为∞，则为断路；如测量时同一绕组的两个引出端间阻值为 0，则为短路。电抗器有故障后，应进行更换。将测量结果填入表 2—1—6 中。

表 2—1—6　　测量结果

引出线编号	引出线作用	引出线电阻 /Ω	
1		最大值	
2		快—中	
3		中—慢	
4		快—慢	
5		指示灯	

4. 定时器的检测

电风扇定时器常见的故障有触点接触不良或烧毁、发条不能上紧、齿轮组不能运转等。正常时，用手顺时针旋动旋钮后应能定位，且触点闭合。放手后慢慢自动逆时针反转。至停止位时，触点断开，切断电路，齿轮组停止运转。

检测时，可顺时针旋动旋钮，同时用万用表 $R\times1\ \Omega$ 挡测两根引出线间的电阻。正常时应为 0。如为∞，说明触点断路；若为几欧至几十欧，则表明触点接触不良；如到停止位后仍为 0，则说明触点不能分离。触点锈蚀不严重且簧片仍有较好弹性时，可用细砂布轻轻打磨触点，并用镊子较正簧片，使之恢复使用。如触点已烧毁或簧片已无弹性，则只能更换。

如顺时针旋动旋钮后不能定位，说明定时器内部的齿轮组已损坏，应更换。如顺时针旋动旋钮后听不到齿轮组运转时发出的轻微声音，则是其内部生锈产生阻尼，造成定时器失灵，一般也只能更换。

5. 琴键开关的检测

调速琴键开关在使用过程中较容易出现触点接触不良、按键按下后不能锁住或按键按下后不能弹起等故障。检查触点可用万用表电阻挡进行。按下某个速度按键应能自行锁住，且触点闭合，此时动、静触点间的电阻应为0；按下停止键后，各按键均应弹起，动、静触点间的电阻应为∞。如按键按下后电阻为∞，说明触点未接触或接触不良，可检查触点及簧片的情况。如触点锈蚀得不严重，且簧片弹性仍很好，则可用细砂布轻轻磨去积碳及锈迹，并用镊子仔细校正簧片，使按键按下后能可靠地闭合，按键弹起后能很好地分离。

活动3　电风扇的故障维修

电风扇虽然是一种比较耐用的家用电器，但在长期使用过程中也难免会出现一些故障。电风扇故障的表现形式很多，而且同一种故障现象也可能是由不同的原因引起的。为了尽快找到故障部位进行修理，恢复电风扇的原有功能，必须对电风扇的结构、各部件的功能及工作原理十分熟悉，这是维修电风扇的基础。

1. 故障现象

插入电源，通电后扇叶不能转动。

2. 故障分析

根据落地扇扇头的结构和工作原理可知，引起扇叶不转动故障的原因有机械故障和电气故障两大类。机械故障可能是电动机主轴上的定位销损坏，或扇叶上的卡槽损坏引起的电动机与扇叶之间不能联动，也有可能是扇叶与护网之间碰撞变形引起的。电气故障则可能是电动机损坏，启动电容器容量减小或控制电路故障等。

3. 维修方法及步骤

电风扇不能转动故障的维修方法见表2—1—7。

表2—1—7　**电风扇不能转动故障的维修方法**

步骤	检查内容	维修方法
1	咨询用户	了解故障风扇发生故障时的情况，根据用户的说明初步确定故障范围
2	直观检查	首先直观检查风扇扇叶与护网之间是否有明显擦碰痕迹，如有应加以修复。然后观察扇叶是否晃动太大或不与主轴同步转动，最后观察电动机的主轴能否转动，防止电动机轴承严重磨损
3	通电后，选择高速挡，观察能否转动	通电后，选择高速挡运转，观察电动机能否转动，如果低速挡不能转动而高速挡正常，则重点检测启动电容器是否漏电或容量减小，最好更换一只电容器利用替代法检测。如果高速挡也不能转动，则要注意听电动机是否发出“嗡嗡”的电磁声，如有说明电动机绕组已经得电，故障在电动机和启动电容器。如没有声音，则故障一般在控制电路，或者电动机绕组完全断路

续表

步骤	检查内容	维修方法
4	拔下插头，拆开控制盒	对于普通型落地扇，还要检查琴键开关。用万用表检测琴键开关各触点是否接触良好，如果触点烧蚀不严重可用细砂纸打磨，如果烧蚀严重则应更换。再用手旋转定时器，观察定时器能否缓慢回转，如果松手后，转轴立即回转，说明内部齿轮已损坏，必须更换，用万用表电阻挡检测定时器的两条引线之间应该导通，否则说明内部触点损坏，也需要更换 对于集成电路控制的电风扇，如果只有某一挡不工作，则重点检查该路晶闸管是否开路，如果某只晶闸管击穿会引起该挡转动不止。如果所有挡均不工作，则故障在电动机或控制电路。对于控制电路，应先检查直流供电是否正常，再更换晶振，如仍不能正常运转，则说明可能是集成电路损坏
5	拆开扇头，检查扇头电动机	首先直观检查电动机的连接导线是否有断裂脱落现象。如果有则要加以连接，并重新做绝缘处理 然后检查启动电容器。拆下启动电容器，用万用表电阻挡检测电容器的充电过程（测量前一定要先放电），如果没有充电过程，则需更换同容量的电容器（也可以用一只好的电容器替代试机来判断原电容器是否损坏） 最后检测扇头电动机是否开路。用万用表电阻挡分别测试电动机的 5 条引线之间的电阻值，应该与标准值接近，并且最大的阻值应当等于其他几条引线阻值之和，否则说明绕组短路。如果某两条线之间电阻为∞，说明绕组已断路，需要更换或重新绕制

除了本任务中已经检修的故障外，台扇类电风扇常见的故障现象还有很多，其他常见故障的故障原因及维修方法见表 2—1—8。

表 2—1—8　　台扇类电风扇其他常见故障的故障原因及维修方法

故障现象	故障原因	维修方法
通电后电风扇不转动	1. 电源插头与插座接触不良、电源线断路 2. 电容器损坏 3. 电动机引出线有虚焊或脱焊 4. 定子绕组有开路现象 5. 琴键开关接触不良 6. 定时器触点不到位 7. 调速电抗器线圈开路 8. 电子控制部分有故障	1. 切断电源，修理插座，更换电源线 2. 更换同规格电容器 3. 重新焊接故障部位 4. 更换电动机定子绕组 5. 修理或更换琴键开关 6. 调整触点位置，使之接触良好 7. 查出断路处，接通或更换线圈 8. 检修电子控制板

续表

故障现象	故障原因	维修方法
通电后扇叶不转动，电动机发出“嗡嗡”声	1. 轴承严重磨损，使转子轴偏心，转子铁芯被定子磁场所吸引 2. 减速传动机构被异物卡住或传动零件有故障 3. 定子绕组匝间短路 4. 定子电路中的电容器漏电	1. 更换电动机轴承或端盖 2. 清除异物或更换传动零件 3. 更换电动机定子绕组 4. 更换同规格电容器
电动机时转时不转	1. 电源插头和插座接触不良 2. 电源线内的芯线有断线点或电动机引线虚焊或调速器接点不牢 3. 电容器虚焊 4. 琴键开关触点接触不良 5. 电源熔断器与熔断器座接触不良	1. 修理插头和插座 2. 更换电源线，重新焊接使其接触良好 3. 重新焊接 4. 修理或更换琴键开关 5. 断电后拧紧熔断器盖
工作时，电动机温升过高	1. 轴承润滑油老化或缺油 2. 电动机绕组局部短路 3. 轴承损坏 4. 扇叶变形，扭曲过大 5. 摇头零件配合过紧，摇头机构卡住 6. 电源电压过高	1. 适当加注润滑油 2. 更换绕组 3. 更换轴承 4. 更换扇叶 5. 修理摇头机构 6. 调整电源电压或待电源电压正常后再使用
运转时有异常响声	1. 风叶止动螺钉松动 2. 前网罩的装饰环松动或网罩松动 3. 轴承磨损引起转子径向跳动 4. 风叶变形 5. 调速器的电抗器铁芯松动 6. 离合器位置不对，摇头机构松脱，蜗轮孔径太大	1. 拧紧止动螺钉 2. 上紧装饰环螺钉，紧固网罩 3. 更换轴承或端盖 4. 校正风叶或更换风叶 5. 紧固铁芯 6. 调整位置，修复摇头机构，更换蜗轮
转速偏慢	1. 电源电压低于额定值 2. 电容器容量减小 3. 主绕组或副绕组匝间有局部短路 4. 转子绕组出现断条或有气孔 5. 传动机构润滑油脂老化变质或缺少润滑油脂 6. 轴承损坏或转轴弯曲变形，以及润滑不良	1. 检查电源电压，正常后使用 2. 更换电容器 3. 检修或更换电动机定子绕组 4. 更换转子 5. 增添润滑油脂或用汽油清洗后更换润滑油脂 6. 更换轴承、转轴，加润滑油脂

续表

故障现象	故障原因	维修方法
指示灯不亮或时亮时不亮	1. 指示灯损坏 2. 指示灯座松动，接触不良 3. 灯座引线脱落或接触不良	1. 换用同规格的新灯泡 2. 将指示灯与灯座旋紧 3. 重新焊好或修理

知识拓展

红外线遥控电风扇的发射、接收电路

在各种电风扇遥控方式中，红外线遥控为大多数电风扇生产厂家所采用。红外线遥控一般都是取波长范围为 0.77 ~ 3.0 μm 的近红外线。常用光电二极管作为红外线接收管。它是一种光电转换元器件，光照到 PN 结以后，它能吸收入射光的能量并转变为电能。电风扇红外线遥控电路中采用的方式是给光电二极管加上反向电压，管子中的反向电流将随光照强度的增强而变大。

常用的光电二极管都是由硅半导体材料制成的，它们对波长为 0.90 ~ 0.93 μm 的光接收灵敏度最高，这正好在近红外线的波长范围内。红外发光二极管中，使用最多的是用砷化镓（GaAs）材料制成的发光二极管，它的发射光中心波长是 0.93 μm 左右。两者结合，传输效率最高，能量损失最少。

实际应用的红外线发射器中，红外线发光二极管并不是连续发光，因为如果连续发光，虽然消耗了较多的电能，但发射的距离却较小。为了用较小的功率获得较大的发射距离，一般对红外线发光二极管通以幅值较大的脉冲电流，以提高它的瞬时发射功率。但在某段时间内，它的平均功率并不大。另外，在发射用的红外线发光二极管中通以脉冲电流时，它发射出的红外线是调制频率一定的脉冲光，而一般的日光、电灯光均不是脉冲光，在接收电路中设置的选频滤波电路很容易将两者分开，有利于提高红外线遥控器的抗干扰能力。

在接收电路中，红外线接收二极管加上反向电压（或光电晶体管加上正向电压），在没有接收到红外线时，PN 结的阻值很大，电流很小。当发射器发出的红外线脉冲光被接收到后，光电二极管 PN 结的阻值随入射脉冲光发生相应变化，即在管中产生同样频率的交变电流，完成光电转换。

红外线遥控电风扇的发射、接收电路原理方框图如图 2—1—16 所示。红外线接收二极管输出微弱的电信号，由交流放大电路进行电压放大。电压放大电路可以由晶体管或集成电路担任。选频滤波电路选出发射器发出的控制信号，滤掉与它无关的信号。然后经过整形变为单个脉冲，输入计数器，由计数器将它依次分配在不同的输出端上，各个输出端都接有驱动单元，进行电流放大后驱动继电器或晶闸管，以转换电风扇的工作状态。

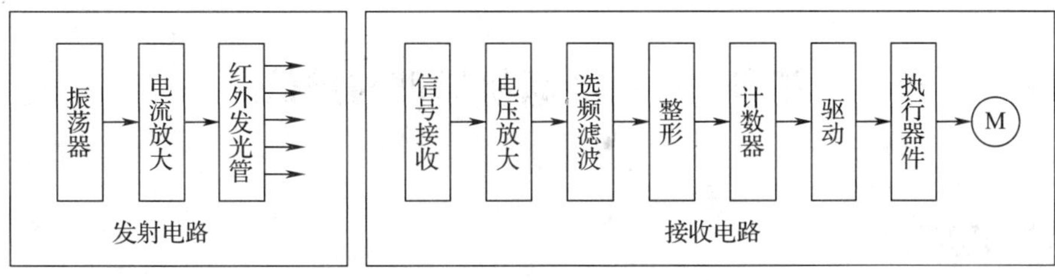

图 2—1—16　红外线遥控电风扇的发射、接收电路原理方框图

在红外线遥控电风扇接收电路中，一般还设有手动控制键。无论是遥控按键还是手动控制键，每输入一个脉冲，电风扇的工作状态就按“强风—中风—微风—自然风—停—强风……”的规律循环变化，并且每种工作状态均有对应的发光二极管作状态指示。

任务评价

根据任务考核评分表（见表 2—1—9）进行任务评价。

表 2—1—9　任务考核评分表

评价项目	评价标准	配分	自我评价	小组评价	教师评价
职业素养	安全意识、责任意识、服从意识强	5			
	积极参加教学活动，按时完成各项学习任务	5			
	团队合作意识强，善于与人交流和沟通	5			
	自觉遵守劳动纪律，尊敬师长，团结同学	5			
	爱护公物，节约材料，工作环境整洁	5			
专业能力	能说出台式电风扇的结构	10			
	理解电风扇的调速方法及电路原理	10			
	能正确拆装电风扇	10			
	能准确判断电风扇电动机、电容器、电抗器、定时器、琴键开关等器件的好坏	15			
	能正确分析台式电风扇常见故障原因并排除故障	20			
	了解模拟自然风、红外线遥控电风扇的工作原理	10			
合计		100			
总评	自我评价 × 20% + 小组评价 × 20% + 教师评价 × 60%=__________	综合等级	教师（签名）：		

注：学习任务考核采用自我评价、小组评价和教师评价三种方式，考核分为 A（90~100）、B（80~89）、C（70~79）、D（60~69）、E（0~59）五个等级。

任务 2　抽油烟机原理与维修

学习目标

知识目标

1. 了解抽油烟机的结构和工作原理。
2. 了解洗碗机的结构和工作原理。
3. 了解全自动豆浆机的结构和工作原理。
4. 了解台式食品加工机的结构和工作原理。

能力目标

1. 能正确拆装抽油烟机。
2. 能识别抽油烟机主要器件并判断其好坏。
3. 能排除抽油烟机的常见故障。

任务引入

随着人们生活水平的不断提高，现代家庭厨房中使用的电器越来越多，其中的代表产品抽油烟机在改善人们生活质量，保障人们身体健康方面起到了突出作用。抽油烟机能迅速将烹饪时产生的煤气、油烟等有害气体吸入机内分离后排到室外，以保持厨房的清洁卫生。抽油烟机通常可分为顶吸深罩型（又称中式）、顶吸平罩型（又称欧式）及侧吸平罩型等多种类型，如图 2—2—1 所示。

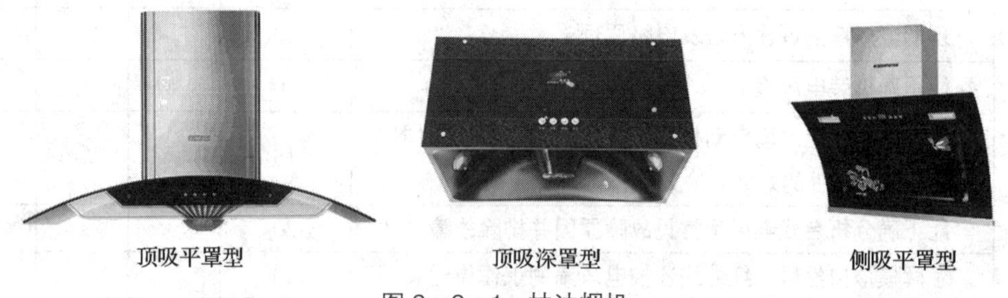

图 2—2—1　抽油烟机

本任务首先介绍抽油烟机的结构和工作原理，然后在教师带领下拆装抽油烟机，熟悉抽油烟机的结构及主要器件，掌握它的拆卸、安装方法，了解其工作原理及典型电路。最后进行抽油烟机主要部件的检测法，判断它们的好坏，并从故障现象出发，分析故障原因，掌握排除抽油烟机常见故障的方法。

知识准备

一、抽油烟机的结构

抽油烟机一般由风机系统、滤油装置、控制系统、照明电路、排气管及外壳等组成，如图 2—2—2 所示。

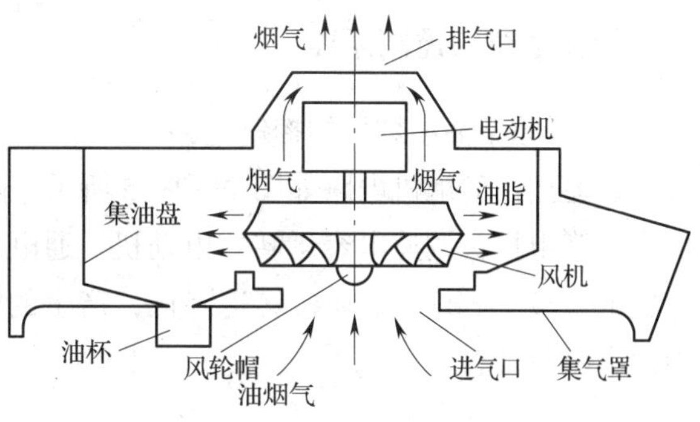

图 2—2—2　抽油烟机的结构

抽油烟机的风机系统主要由电动机、风叶、导风框等组成。电动机是抽油烟机的核心部件，是抽油烟机的动力源。通常采用电容运转式电动机，为调节吸力大小，还带有调速绕组。因在高温环境中使用，所以均为密封式结构，以避免电动机绕组接触油烟。抽油烟机电动机的外形如图 2—2—3 所示。抽油烟机的电动机功率一般都在 100 W 以上。

抽油烟机风机的外形如图 2—2—4 所示。风机的作用有两个：一是将油烟吸入；二是进行油气分离。风机中的风叶均采用离心轴流复合式，又称双层母子风叶式。实际上，它是由一套离心式风叶与一套轴流式风叶串联组成。采用这种组合形式的风叶有较好的排烟与油气分离效果。风叶大多采用铝质或合金材料制成，也有的用高强度工程塑料注塑成形。

图 2—2—3　抽油烟机的电动机

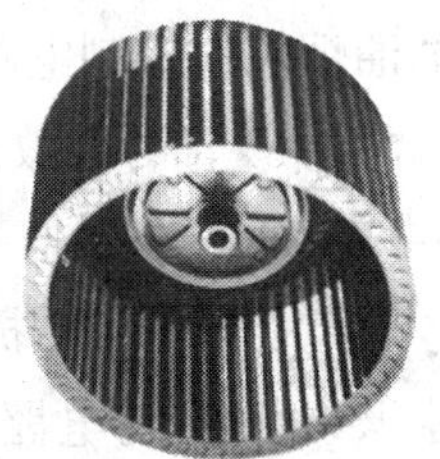
图 2—2—4　抽油烟机的风机

抽油烟机的滤油装置由集油罩、排油管和集油盘组成。油烟气经过风机的分离后，油脂颗粒黏附在集油盘的内壁，冷凝后逐渐流入油杯，以待清除。集油盘由薄金属板冲压而成，它与集油罩之间必须有较好的密封性。

抽油烟机上通常带有照明灯，可以单独用开关控制。有的抽油烟机的集气罩上还装有气敏报警器，一旦遇到煤气或其他可燃气体泄漏时，气敏报警器能发出声光报警，同时自动开启抽油烟机，将有害气体及时排到室外。

抽油烟机一般为顶挂式，安装在灶台上面不到 1m 处。通电后，电动机驱动双层母子风叶高速旋转。在风叶周围产生空气负压区，迫使灶台下的油烟气由风口进入机体内。由于抽油烟机采用双层母子风叶，子风叶在上，母风叶在下，被吸入的油烟和气流将会受到几十片风叶的阻挡，迫使气体中无数的油分子颗粒附着在子风叶的叶片上，积聚成油滴。这些油滴又在母风叶的作用下，脱离风叶顺着油道流入油杯内，而废气则从出风口排到室外。

二、抽油烟机的控制原理

1. 普通型抽油烟机的控制电路

普通型抽油烟机电路如图 2—2—5 所示。电动机和照明灯分别用开关单独控制。电动机为带绕组抽头调速电容运转式电动机。通电后，按下 SB2，电动机高速运转，产生的吸力较强。按下 SB3，电动机转速降低，产生的吸力下降。按下 SB4，电动机断电。SB1 控制两个照明灯。

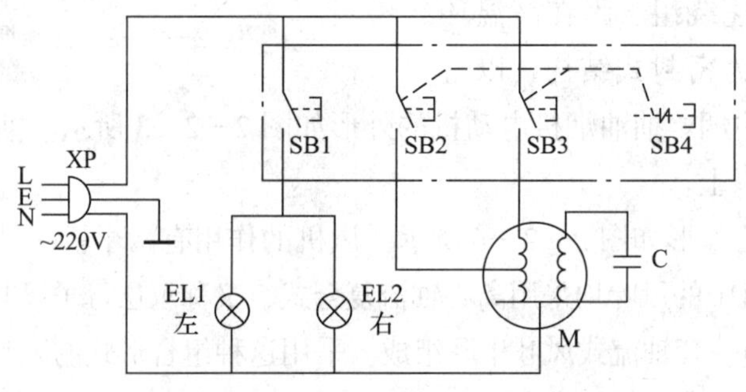

图 2—2—5　普通型抽油烟机电路

2. 自动型抽油烟机的控制电路

自动型抽油烟机上设置有气敏自动监控电路，当厨房内的烟雾或各种可燃性气体及有害气体的浓度超过一定值时，自动监控电路会自动启动抽油烟机，将有害气体排到室外。室内空气正常后，又会自动关闭抽油烟机。

自动型抽油烟机的控制电路中用于检测的传感器普遍使用半导体气敏电阻，它具有结构简单、灵敏度高、价格低廉等优点。半导体气敏电阻以氧化物半导体作为基本材料，当它的表面吸附被检测气体时，电导率会产生变化，且被检测气体浓度越高，其电阻值变化得也越多。而且这种变化是可逆的，因此可以重复使用。气敏电阻吸附被测气体时的阻值变化曲线如图 2—2—6 所示。

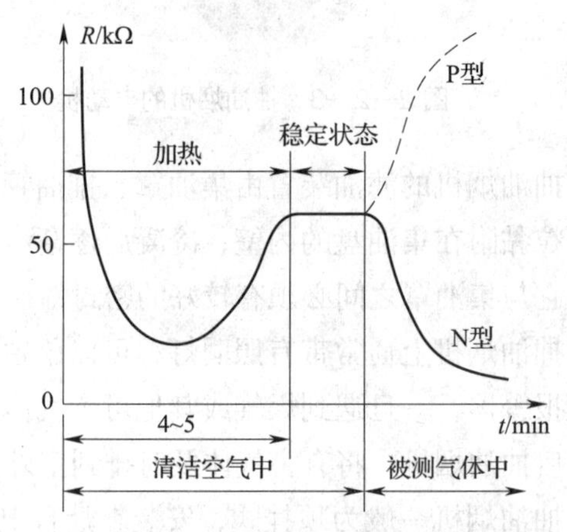

图 2—2—6　气敏电阻吸附被测气体时的阻值变化曲线

在清洁空气中通电加热，开始时，其阻值急剧下降，几分钟后达到稳定值。处于稳定状态以后，其阻值会随被检测气体的吸附而发生变化。N 型半导体气敏电阻的阻值随气体浓度的增加而减小，P 型半导体气敏电阻的阻值变化则相反。

半导体气敏电阻大多是用陶瓷烧制工艺制成，由塑料底座、气敏电阻体、螺旋状加热器及不锈钢网罩四部分构成，如图 2—2—7a 所示，其图形符号如图 2—2—7b 所示。A–A′两引脚短接，构成测量极的一端；B–B′两引脚短接，构成测量极的另一端；f–f′之间为加热灯丝。

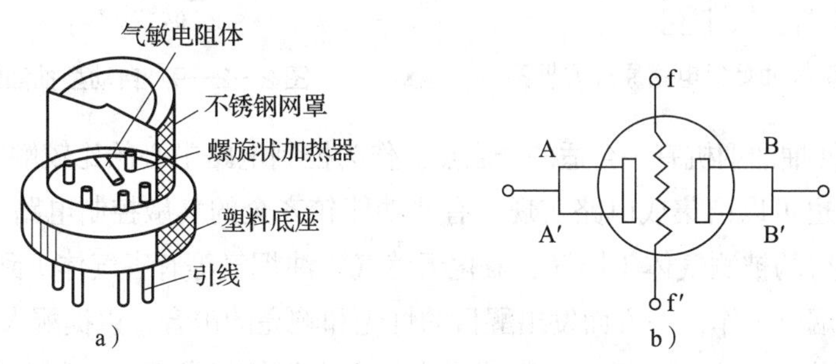

图 2—2—7 气敏电阻结构及符号

a）结构 b）符号

气敏电阻一般在加热条件下工作，因为这样可以增加半导体内部载流子的浓度，增加气体在其表面的吸附能力，提高响应特性和恢复特性，提高对可燃性气体的氧化作用，从而提高检测的灵敏度。但温度过高或过低都不利于气敏电阻的工作，为使气敏电阻的阻值只与气体浓度有关，应使工作电压及加热电流尽量稳定，所以一般应使用稳压电源供电。

气敏电阻阻值与被测气体浓度之间一般为非线性关系，但检测厨房低浓度气体时，可以近似认为是线性的。不同半导体材料制成的气敏电阻对不同的气体有不同的敏感度。例如，用半导体二氧化锡（SnO_2）制成的气敏电阻对多种可燃性气体（如煤气、液化天然气、一氧化碳、乙醇等）及烟雾敏感。当这些气体的浓度增大时，它的阻值下降。利用这一性质，可以检测厨房有无上述可燃性气体或烟雾，以便随时启动抽油烟机将它们排到室外。

自动型抽油烟机控制电路由稳压电源、气体检测单元、灵敏度调节单元、比较触发单元和驱动单元等组成。其电路原理方框图如图 2—2—8 所示，其电路如图 2—2—9 所示。它装有两个 55 W 的电动机、一个 40 W 的照明灯和五个选择开关，SB1 为气敏自动开关，SB2 和 SB3 为电动机开关，SB4 是照明灯开关。气敏控制电路中继电器的动断触点（即红、蓝两根引出线）串联在抽油烟机的主电路中，以气敏电阻为主组成检测电路，实现气—电转换。当被检测气体的浓度增大到一定值时，气敏电阻的阻值也随之下降（常用 N 型）至某一值，使电压比较器或双稳态触发器的状态发生变化，输出的信号经电流放大后，由继电器或晶闸管使电动机得电，抽油烟机工作排出有害气体。一般电路中还设有灵

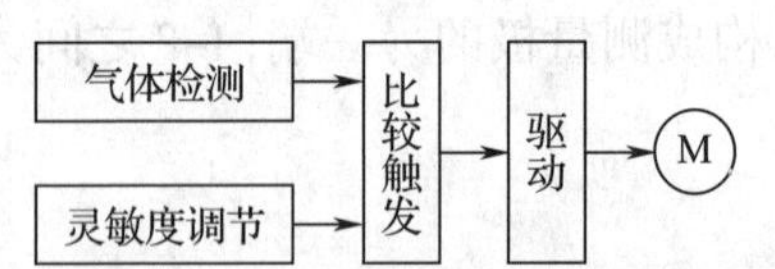

图 2—2—8　自动型抽油烟机电路原理方框图

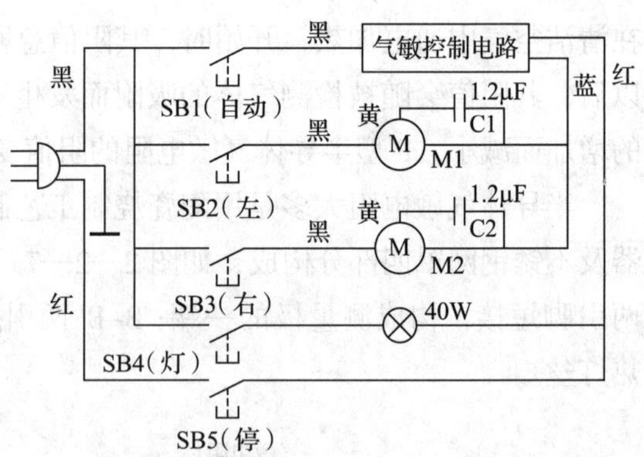

图 2—2—9　自动型抽油烟机电路

敏度调节器，以使抽油烟机有一合适的开启点。作为控制电路中心的比较触发电路可以用分立元器件组成，也可以由集成电路实现。有些功能较齐全的气敏控制电路中还辅以声、光报警装置，当厨房的被测气体（煤气、液化天然气、油烟气等有害气体）到达一定浓度时，一方面启动抽油烟机工作，一方面发出醒目的灯光和响亮的声音，以提醒人们注意。

随着有害气体的排出，气敏电阻阻值增大。室内气体正常后，控制电路切断抽油烟机电动机的电源，同时声、光报警电路停止工作。

任务实施

一、器材准备

万用表、兆欧表、旋具、尖嘴钳、活扳手、导线、焊锡丝、抽油烟机等。

二、实施过程

活动 1　抽油烟机的拆装

1. 抽油烟机的拆卸

抽油烟机的结构分解图如图 2—2—10 所示。

（1）拆下钢网护罩，将钢网护罩从集油罩吸烟孔的扣卡中卸下。

（2）卸下风筒及排气管。

（3）拆卸集油罩。用螺旋具旋下集油罩与框架的紧固螺钉，取下集油罩，并拆下盘式吸油密封圈。

（4）拆下位于抽油烟机出风口处的盖板。

（5）拆卸电动机及风机。旋下电动机与支架的紧固螺钉，取出电动机。再从电动机上卸下风机。

（6）拆卸控制电路，将印制电路板保护盒与框架的紧固螺钉旋下，取出印制电路板。

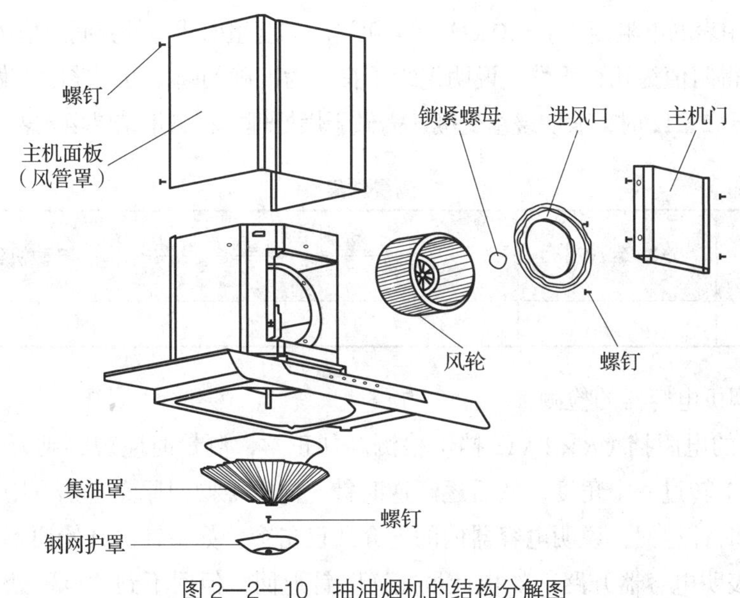

图 2—2—10　抽油烟机的结构分解图

2. 抽油烟机的组装

按拆卸相反的顺序进行组装。

提示

抽油烟机安装注意事项如下：

（1）安装位置

应尽可能接近室外，以缩短排烟管的有效长度，并且折弯次数应尽可能少，以减小排烟阻力。应尽量避免抽油烟机的周围门窗过多，否则会产生很多空气对流，影响抽烟效果。

（2）安装高度

应将抽油烟机安装在灶具上方 650 ~ 750 mm 处，若装得过高，势必影响排烟效果，甚至抽不出油烟。

（3）安装的倾斜角

安装时应使抽油烟机机体的前端向后倾斜，这样才能使分离后的油污流入油杯中。

活动 2　抽油烟机主要器件的检测

1. 抽油烟机电动机的检测

抽油烟机使用的电动机一般都是电容式电动机。主绕组线径粗，阻值较小，一般不到 100 Ω；而副绕组线径细，阻值较大，一般超过 100 Ω。电动机有三根引线。用万用表测量其中任意两根引线之间的电阻，应都有一定的阻值。如果测量时发现有两根引线间的阻值为∞，则可以确定绕组内部已经断路。用万用表的 $R\times1$ Ω 挡或 $R\times10$ Ω 挡测量电动机引线间的阻值，如为 0 或阻值明显减小，说明该绕组内部已出现短路。检查电动机外壳是否带电，可先用万用表的电阻挡（$R\times10\ \text{k}\Omega$ 挡）粗测。如绕组引线与外壳间阻值为 0，说明绕组已通地。如测得阻值为几百千欧，说明绝缘不良。为准确判断，可用兆欧表做进一步检查。当绝缘电阻小于 2 MΩ 时，表明绕组受潮，需做干燥处理。将测量结果填入表 2—2—1 中。

表 2—2—1　　测量结果

型号	功率 /W	绕组电阻		电动机绝缘电阻 /Ω
		L1/Ω	L2/Ω	

2. 抽油烟机电容器的检测

用万用表的电阻挡（$R\times1\ \text{k}\Omega$ 挡）检测。如正常，测量时应观察到万用表的指针先顺时针（向右）转过一个角度，然后逐渐逆时针（向左）摆回原点。如万用表指针摆到最右端后不再逆时针返回，说明电容器内的电介质已击穿。如指针一开始便不动，始终指在“∞”处，则表明电容器开路。如指针虽能逆时针返回，但回不到“∞”处，而是停在中间某个位置，则说明电容器漏电，指针所指的位置便是漏电电阻值。电容器出现击穿、开路或漏电等故障后，只能更换电容器。

3. 抽油烟机琴键开关的检测

检查琴键开关的好坏可用万用表进行。就琴键开关而言，当某个键杆按下后，对应的触点闭合，电阻值为 0。因各键杆之间的互锁作用，其他触点均应断开，电阻值为∞。键杆弹起后，触点断开，阻值为∞。对开关机械结构的检查可用操作法进行。打开外壳后，可通过观察转换时其内部零件的动态表现，来确定故障的确切部位。

活动 3　抽油烟机的故障维修

1. 故障现象

抽油烟机通电后，按下开关，风机不转，整机无任何反应。

2. 故障分析

根据故障现象，依据电气原理图，可对故障可能产生的原因和所涉及的电路部分进行分析并做出初步判断，然后在电气原理图上标出最小故障范围。

由故障现象分析可知，造成此类故障的原因可能有：①电源线断路或接头脱焊，仔细查出断路点或脱焊点，重新焊牢；②通断开关断路或触点接触不良，检查断路器处是否焊好，若触点接触不良要更换新品；③电动机启动电容器容量减小或短路、断路，需更换同规格的电容器；④变速线圈断路或短路，对变速线圈修补或更换新品；⑤轴承损坏而卡住转轴，必须更换轴承；⑥定子绕组短路或连接线断路，修补定子绕组或更换新品。

3. 维修方法及步骤

根据故障分析，可采用电压法进行测量，首先检查交流电源（变压器、晶闸管）高、低压。交流电压若正常，应检测控制电路直流供电。若无直流供电，则逆向检查连接导线、整流元器件、变压器，找出断路点并排除。控制电路的低压正常时，可用一只数千欧电阻由低压端直接接到控制元器件晶闸管触发极，此时电动机能启动运行，说明控制元器件、电动机及交流电路都正常，问题出现在触发控制电路。

抽油烟机常见故障的故障原因及维修方法见表 2—2—2。

表 2—2—2　　抽油烟机常见故障的故障原因及维修方法

故障现象	故障原因	维修方法
按下功能按键，电动机时转时不转	1. 电源插头与插座接触不良 2. 引线焊接不良或自然脱落 3. 琴键开关接触不良或损坏 4. 电容器引线焊接不牢	1. 修理插头、插座，使之接触良好 2. 重新焊牢 3. 修复触点，严重损坏则更换 4. 重新焊牢
电动机转速变慢	1. 电容器容量明显减小 2. 定子绕组匝间短路 3. 供电电压显著偏低	1. 更换同规格电容器 2. 找出短路点，做好绝缘处理 3. 待供电正常后再使用，或增加稳压器
监控失灵	1. 监控电路有故障 2. 监控电路至气敏头之间连接导线脱落 3. 气敏头污垢太多或损坏	1. 找出故障点并排除 2. 找出脱落导线，重新焊接好 3. 清洗气敏头或更换新件
漏油	1. 排油管破损或脱落 2. 集油罩密封条破损 3. 油杯安装不良，污油过多溢出	1. 更换排油管，将脱落端接牢 2. 更换集油罩密封条 3. 重新装集油杯，定期清污

知识拓展

一、洗碗机

洗碗机是一种集去污、清洗、消毒、烘干于一体的家用厨房清洁器具，是家庭厨具现代化的标志。洗碗机一般都采用全自动控制方式。先以机械方式使水处于高压状态下喷射或淋洒到碗筷、盘碟等餐具上起到清洗作用，然后进行高温烘干处理。

1. 洗碗机的结构

下面以国内市场上常见的喷臂式台式洗碗机为例，介绍洗碗机的结构。喷臂（台）式洗碗机的结构如图 2—2—11 所示。它主要由箱体、控制机构、加热装置、碗篮、洗涤装置、漂洗剂供料装置、进水及排污装置、门控开关等组成。

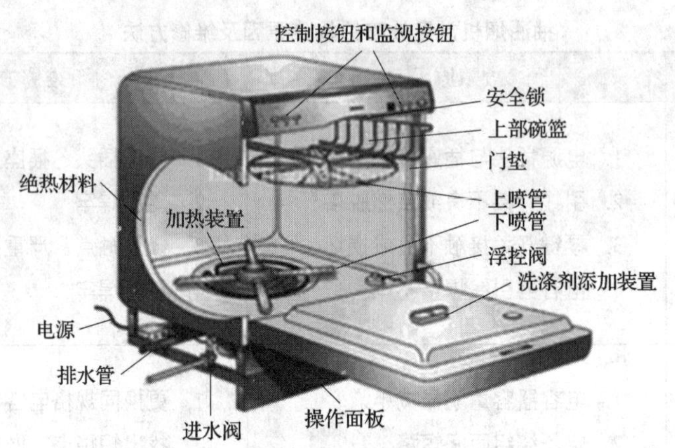

图 2—2—11　喷臂（台）式洗碗机的结构

箱体内胆采用不锈钢薄板制成。外壳采用冷轧薄钢板，外表面喷白漆做防锈处理。箱门设在箱体正面。上面设有暗藏式门扣。关上箱门时，门控开关闭合，接通电源；箱门打开时，门控开关断开。

箱体正面下方为控制板。上面设有水温选择开关，有三种水温可供使用者预先选定。其中 65℃挡适用于洗数量多且脏的餐具；55℃挡适用于一般餐具的洗涤，是使用最多的温度挡；常温挡的水未经加热，适用于洗少量不油腻的餐具。

洗碗机的程控器旋钮也设置在控制板上。程控器采用电动机驱动式，它的内部有小型同步电动机、齿轮减速机构及凸轮触点组等三个部分。小型电动机通电后转动，经齿轮组减速后，驱动各个凸轮慢速转动，凸轮带动对应的触点按一定规律自动闭合、断开变化。由此使进水电磁阀、清洗泵、排水泵、加热器等按程控器的指示按部就班地完成清洗、烘干等整个洗涤程序。

喷臂（台）式洗碗机的洗涤装置由旋转喷臂、进水电磁阀、清洗泵、排水泵及水位开关等构成。其中，清洗泵和旋转喷臂是核心器件。清洗泵安装在机座底部，由单相电容运转式电动机与叶轮泵组成。通电后电动机直接驱动叶轮泵，对水进行加压，然后通过喷臂的喷水孔喷出。喷臂采用高强度 ABS 塑料注塑成形，安装在机座上。喷臂内部为水槽，面上有数个互成一定角度的喷水孔。旋转喷臂的结构如图 2—2—12 所示。在水被清洗泵加压后从喷水孔中喷出时，水的反冲力使喷臂绕空心轴转动。喷臂便会喷出具有一定压力的热水流，对餐具进行喷射冲洗。加入漂洗剂后，会使餐具上的油污很快脱落，污水经过滤器后由排水泵排出。

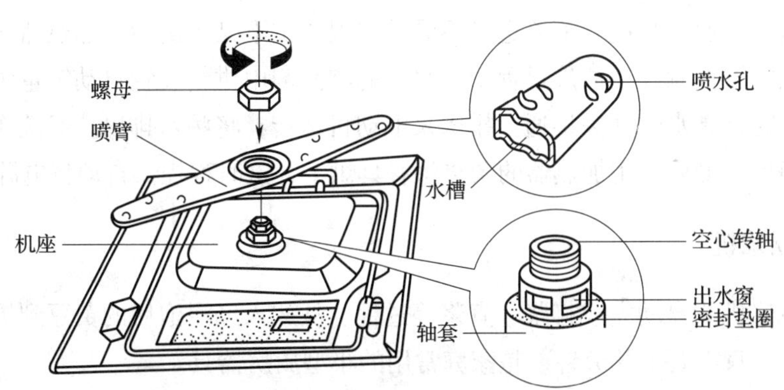

图 2—2—12　旋转喷臂洗碗机结构

加热器的功率一般在几百瓦以上，是洗碗机主要的耗能器件。加热器一般采用不锈钢“凸”字形管状电热元器件，它安装在机座面上，直接与水接触，有较高的热效率。

2. 洗碗机的工作原理

如图 2—2—13 所示为喷臂式全自动洗碗机的电路图。

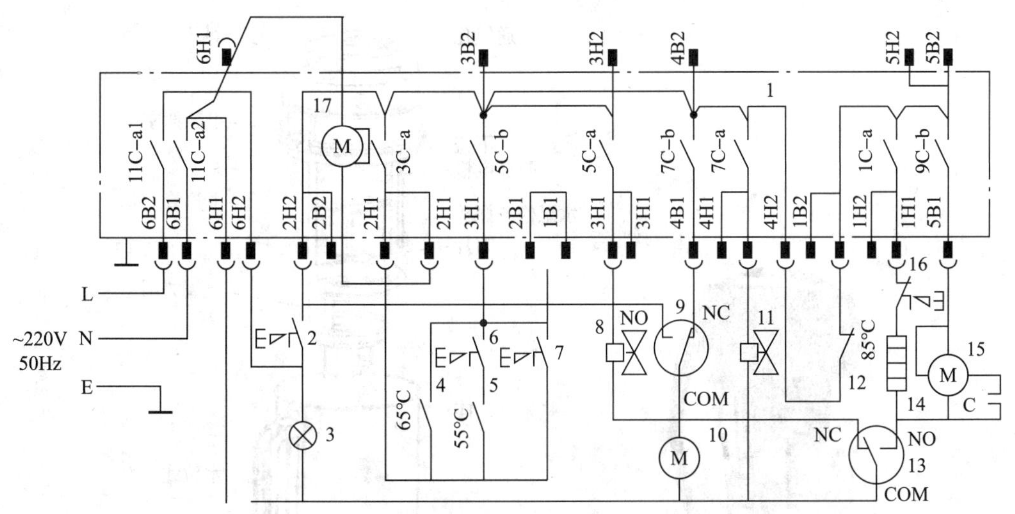

图 2—2—13　喷臂式全自动洗碗机电路图

1—程控器　2—门控开关　3—电源指示灯　4—温控器（65℃）　5—温控器（55℃）

6、7、16—三挡琴键开关　8—进水电磁阀　9—高水位开关　10—排水泵电动机　11—漂洗剂供料装置

12—限温器（85℃）　13—低水位开关　14—加热器　15—清洗泵电动机　17—程控器同步电动机

使用时，关上箱门后门控开关闭合，顺时针旋动程控器旋钮，接通电源，电源指示灯亮。程控器中的小型电动机通过减速齿轮驱动各组凸轮慢速转动，程控器中各触点按设定的规律自动闭合、断开。先使进水电磁阀通电开启，水进入洗碗机内，水位升高。当水到达预定水位时，低水位开关自动接通，清洗泵电动机得电运转。水被清洗泵加压后，由喷

臂喷出清洗餐具，通过琴键开关可选择不同的水温。按下某个键后，加热器得电加热，温度由对应的温控器控制。在清洗过程中，水中的漂洗剂由供料装置自动定量供给。当水位到达预定水位时，高水位开关接通，排水泵电动机运转，将污水排出。经洗涤、漂洗、洗清并将水排净后，最后利用加热器的余热将餐具烘干，这时程控器自动将电源切断。

二、全自动豆浆机

全自动豆浆机能自动完成打浆、煮浆等过程。从放入经浸泡后的黄豆到提供可以直接饮用的熟豆浆，只需要十几分钟，是家庭常用的小型厨房器具。

1. 全自动豆浆机的结构

全自动豆浆机的结构如图 2—2—14 所示。它可以分为机头和杯体两个部分。其中，机头是豆浆机的主要部分，它由破碎机构、过滤装置、加热装置及控制电路等构成。

破碎机构主要由单相串励电动机、主轴、刀片等组成。电动机通电后以超过 12 000 r/min 的转速高速旋转时，通过主轴带动刀片对过滤网罩内的黄豆进行破碎加工，打出的浆汁溶在水中。

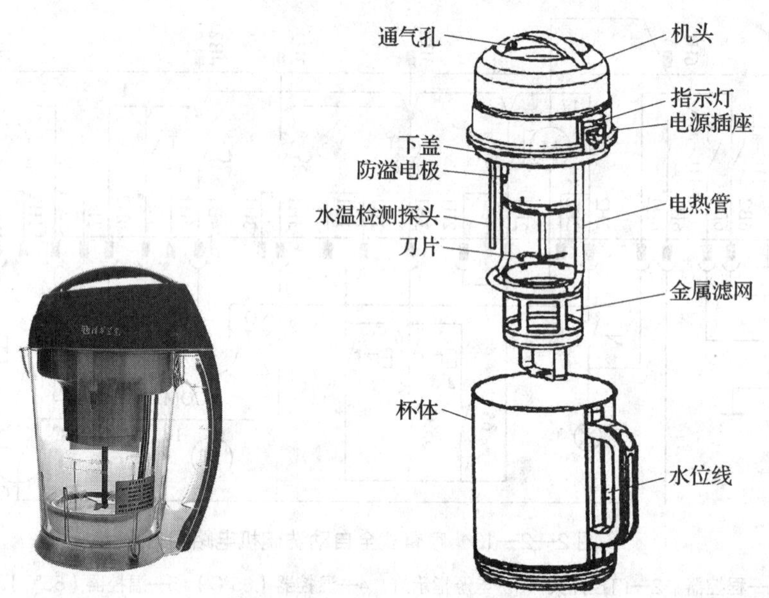

图 2—2—14　全自动豆浆机结构

过滤装置主要由金属滤网、滤网盖等组成。它可以整体或部分从机头上拆卸下来进行清洗。在破碎黄豆的过程中，黄豆的浆汁高度溶解于水中，而豆渣则留在滤网内，实现豆浆与豆渣的完全分离。

加热装置多采用管状电热元器件，管体用不锈钢制成。它固定在机头下面，功率一般为 500 ~ 800 W，用于加热豆浆。

在机头下面固定着防溢电极，当杯内豆浆加热至沸腾，泡沫上升，触及该电极时，两电极间短路，相当于开关闭合。这一状态变化使控制电路切断电热管的电源，防止豆浆溢出。水温检测探头是新款豆浆机新增加的装置，用于检测水温。当水温升高到 80℃时，电动机才启动打浆，这样可以避免电热管上结膜。

2. 全自动豆浆机的控制电路

控制电路是全自动豆浆机的核心，它的控制对象是电动机和电热管。豆浆机在控制电路的指挥下，自动完成打浆、煮浆、延煮、断电报警等一系列过程。其控制原理如图 2—2—15 所示，该控制电路主要由防溢出电路、定时电路、声光报警电路等部分组成。电路通过两个继电器分别控制电热管和电动机。

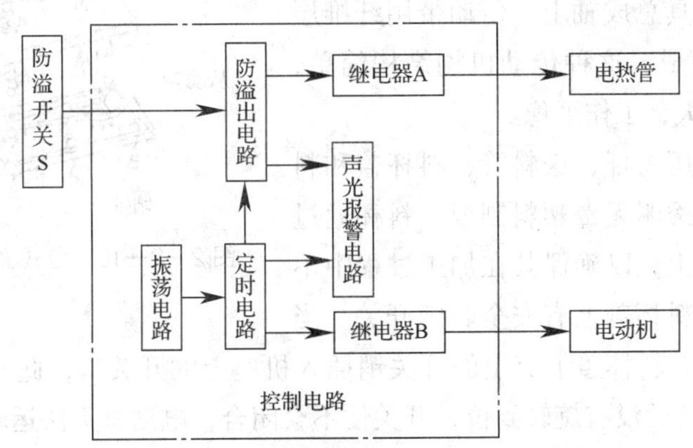

图 2—2—15　全自动豆浆机控制原理图

将浸泡后的黄豆放入豆浆机内，加入适量的水后，接通电源。因防溢开关 S 断开，防溢出电路输出的信号经驱动电路电流放大后，使继电器 A 吸合，动合触点闭合，电热管通电开始加热。同时，刚通电时定时电路输出的信号使继电器 B 重复吸合、释放，控制电动机间歇运转一段时间后，继电器线圈断电，电动机停止运转，打浆过程结束。

在打浆过程结束后，继电器 A 仍吸合，电热管仍通电加热。当豆浆沸腾时，防溢开关 S 闭合，防溢出电路输出的信号使继电器 A 释放，电热管断电停止加热。当煮沸的豆浆泡沫下降后，防溢开关 S 又断开，防溢出电路又使继电器 A 吸合，电热管重新对豆浆加热。这样重复煮沸，能保证豆浆煮熟，去除豆腥味。

到达豆浆机设定的时间（约 15 min）后，防溢出电路输出的信号使继电器 A 释放，电热管断电。同时，声光报警电路启动，发出声、光报警信号，提醒人们豆浆已加工完毕，可以食用。

三、台式食品加工机

1. 台式食品加工机的结构

典型的台式食品加工机的结构如图 2—2—16 所示，它主要由机座、机壳、电动机、传动机构、食品容器、刀轴总成、刀具等部分构成。

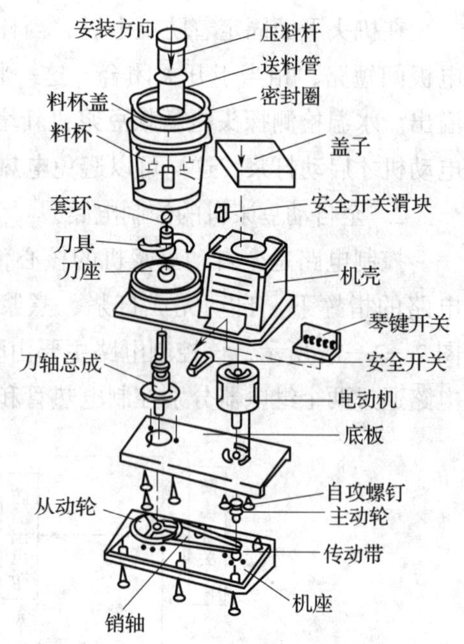

图 2—2—16　台式食品加工机的结构图

机座是台式食品加工机的底座，它由工程塑料注塑成形，机座里面安装着电动机和传动机构。机座上面安装料杯。

台式食品加工机一般都采用体积小、转速高、启动力矩大的单相串励电动机。

台式食品加工机采用一级传动带减速传动。直径较小的主动轮安装在电动机轴上，直径较大的从动轮安装在刀具总成轴上。传动带用纤维层加聚酯塑料注塑而成。这种传动机构结构简单，成本低，传动力矩大，工作平稳。

食品容器包括压料杆、送料管、料杯盖和料杯等，它们都采用透明无毒塑料制成。料杯通过插入件锁定在机座上，以确保其在加工过程中不会从机座上脱开。料杯盖上有安全联锁开关。当料杯盖密合定位时，料杯盖上突出的开关销插入机座上的开关口，此时才能使电动机通电。如果料杯盖盖合后没有旋转到位，开关便不会闭合，电动机无法运转，这样可以确保使用者的安全。

刀轴总成由轴承座，上、下含油轴承和不锈钢刀轴组成。组装后，轴承座嵌在底板安装孔上。刀轴下端安装从动轮，上端安装各种刀具。

台式食品加工机一般配有各种刀具。常用的有叶片刀、切片刀、粗丝刀、细丝刀等。叶片刀用于绞碎、打浆、搅拌，切片刀用于加工肉片、黄瓜片、水果片等，粗丝刀和细丝刀分别用于加工粗丝、细丝。

2. 台式食品加工机的控制原理

台式食品加工机的典型电路如图 2—2—17 所示。它具有高、中、低三挡转速。选择“高速”挡时，电动机得到 220 V 交流电压，做高速运转；选择“中速”挡时，电动机得到经二极管 VD 半波整流的脉动直流电压，做中速运转；选择“低速”挡时，电动机得到的不仅是半波整流后的脉动电压，还是经过电阻 R 分压后的电压，做低速运转。“点动”挡没有自锁装置，当用手按下该挡按键时，点动开关闭合，电动机高速运转；放手后，点动开关断开，电动机停止。

为保护电动机，电路中设有热保护继电器。它安装在电动机的绕组中，当电动机过载，绕组温度升高超过 115℃时，热保护继电器动断触点断开，切断电源，保护电动机不被烧毁。断电后降温至 45℃时，热保护断电器自动复位，使电路重新接通。

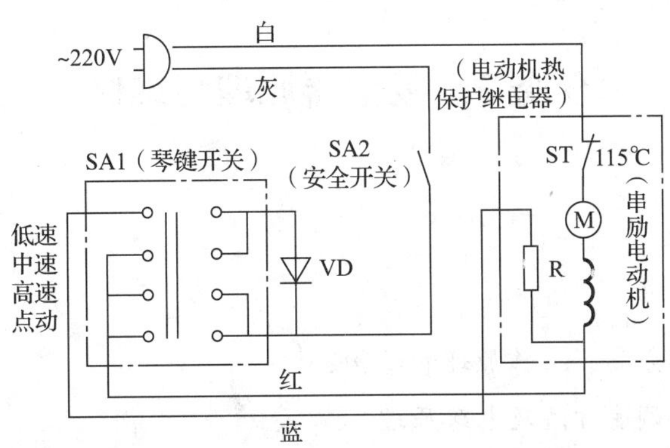

图 2—2—17　台式食品加工机典型电路

任务评价

根据任务考核评分表（见表 2—2—3）进行任务评价。

表 2—2—3　　任务考核评分表

评价项目	评价标准	配分	自我评价	小组评价	教师评价
职业素养	安全意识、责任意识、服从意识强	5			
	积极参加教学活动，按时完成各项学习任务	5			
	团队合作意识强，善于与人交流和沟通	5			
	自觉遵守劳动纪律，尊敬师长，团结同学	5			
	爱护公物，节约材料，工作环境整洁	5			
专业能力	能说出抽油烟机的结构	10			
	理解抽油烟机的工作原理	10			
	能正确拆装抽油烟机	10			
	能采用合理的方法检测抽油烟机主要器件	15			
	能正确分析抽油烟机常见故障原因并排除故障	15			
	了解洗碗机、全自动豆浆机和台式食品加工机的结构和工作原理	15			
合计		100			
总评	自我评价 × 20% + 小组评价 × 20% + 教师评价 × 60%=__________	综合等级	教师（签名）：		

注：学习任务考核采用自我评价、小组评价和教师评价三种方式，考核分为 A（90~100）、B（80~89）、C（70~79）、D（60~69）、E（0~59）五个等级。

任务3 吸尘器原理与维修

学习目标

知识目标

1. 了解吸尘器的分类、工作原理和结构。
2. 理解吸尘器的调速方法及电路原理。
3. 了解机器人吸尘器和中央吸尘系统的功能特点。

能力目标

1. 能识别吸尘器的主要器件并判断其好坏。
2. 能独立完成吸尘器的拆装并能排除吸尘器的常见故障。

任务引入

吸尘器作为一种新型的卫生清洁工具，不仅可以清洗地面和墙壁，还能将沙发、窗帘、家具上的灰尘清除干净，具有省时省力、清洁卫生、无尘土飞扬等显著优点，已成为现代家庭中的必需品。吸尘器的类型很多，常见吸尘器的外形如图 2—3—1 所示。

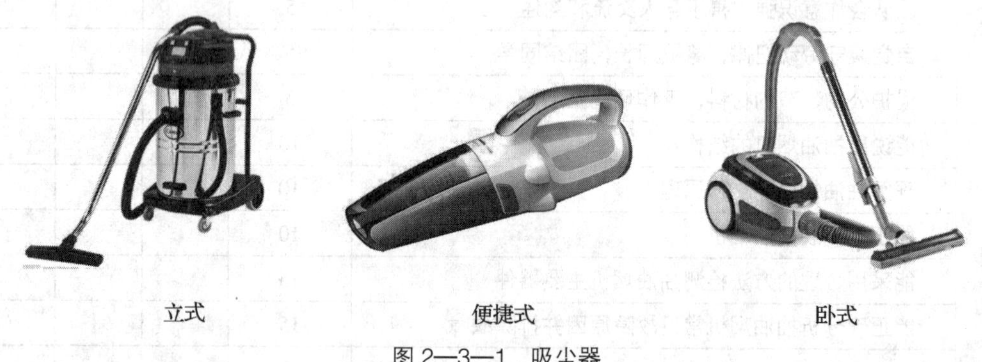

图 2—3—1 吸尘器

本任务首先介绍吸尘器的结构及工作原理，然后在教师带领下拆装吸尘器，熟悉吸尘器的结构及主要器件，掌握它的拆卸、安装方法，了解其工作原理及典型电路。最后进行吸尘器主要部件的检测，判断它们的好坏，并从故障现象出发，分析故障原因，掌握排除吸尘器常见故障的方法。

知识准备

一、吸尘器的分类与工作原理

吸尘器按照结构形式分，可以分为立式吸尘器、卧式吸尘器和便携式吸尘器等；按照适用范围分，可以分为干式吸尘器、干湿两用式吸尘器。随着社会的不断进步，吸尘器正朝着大型化、微型化和智能化的方向发展，以适应不同场合的使用要求。在智能化发展方向上，目前市场上已推出可以自动清扫、自动充电的“机器人智能型吸尘器”。

吸尘器的种类虽然很多，但它们的工作原理（见图 2—3—2）都是相同的。当吸尘器接通电源时，电动机直接驱动空气产生高速旋转，风机叶轮带动空气以极高的速度向机壳外排放，此时，在风机前面形成局部真空，使吸尘器内部与外界产生很高的负压差，在此负压差的作用下，位于吸嘴旁的含尘气体源源不断地补充到风机中去，通过吸嘴和管道，使充满灰尘和脏物的空气吸入吸尘器的集尘室内，经过滤器过滤，灰尘和脏物留在集尘室内，而过滤后的清洁空气从风机、电动机后部的出气口排出，重新送入室内，达到吸尘的目的。

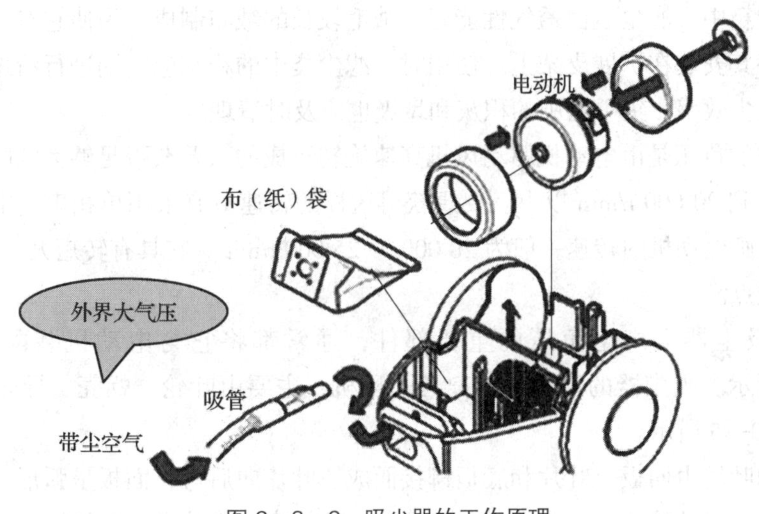

图 2—3—2　吸尘器的工作原理

二、吸尘器的结构

本任务以卧式吸尘器为例来介绍吸尘器的结构。卧式吸尘器主要由外壳、吸尘部、电动机、风机、自动盘线机、灰尘指示器等部分组成，如图 2—3—3 所示。

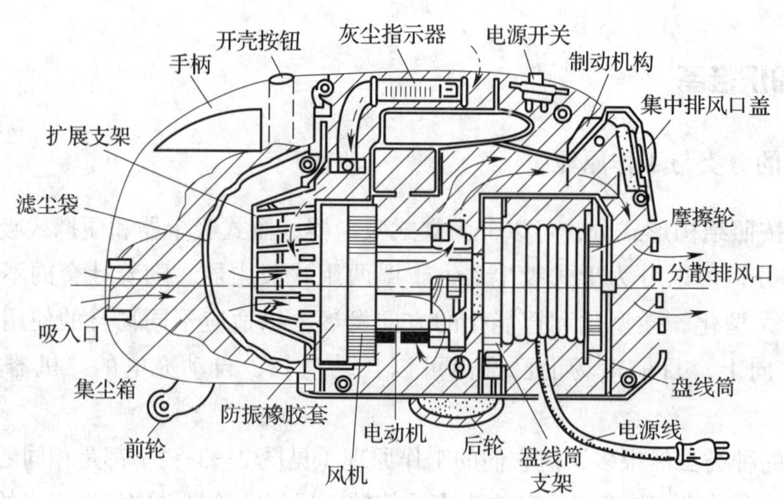

图 2—3—3　卧式吸尘器的结构

卧式吸尘器的外壳一般用 ABS 或聚丙烯等工程塑料注塑成形，它由前、后两部分组合而成。前壳的前端为吸入口，内部设有吸尘部；后壳由左、右两部分构成。外壳上装有便于移动的轮子。

吸尘部由滤尘袋、集尘箱等组成。由外部吸入的高速气流中的灰尘及垃圾被滤尘袋阻挡后留在集尘箱中。滤尘袋由透气性能好、绒毛较长的绒布制成。为使它有足够大的过滤面积，一般将其安装在扩展支架上。使用时，滤尘袋中的积灰应定期进行清理，以免造成堵塞而影响吸尘效率。集尘箱中的积灰和垃圾也应及时清理。

吸尘器中的负压是由电动机驱动风机高速旋转形成的。要获得足够大的吸力，电动机的转速必须达到 20 000 r/min 以上。要想获得这样的转速只有采用单相串励电动机。吸尘器上所用的串励电动机的转速一般为 20 000 ~ 25 000 r/min。它具有转矩大、机械特性软、便于调速等优点。

风机是吸尘器上产生负压的重要部件，通常都将它与电动机装配在一起，如图 2—3—4 所示。吸尘器的风机属于离心式风机，主要由叶轮、蜗壳、导轮和外罩等组成，如图 2—3—5 所示。

风机中的叶轮由面板、叶片和底板铆接而成。叶片向后弯，面板呈弧形，以减小气流的能量损失。一般叶轮的外径为 80 ~ 130 mm。叶轮直接安装在电动机转轴上，它的转速与电动机相同。

在叶轮的周围是蜗壳结构，它与叶轮后面的导轮用塑料制成一体。叶轮转动时送出的高速气流先进入蜗壳，通过 4 个圆弧形的导风孔转入导轮的后面，再流入电动机内。这种结构有利于减小气流转弯和摩擦中的能耗，可以提高风机的效率。

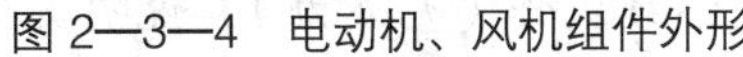

图 2—3—4　电动机、风机组件外形

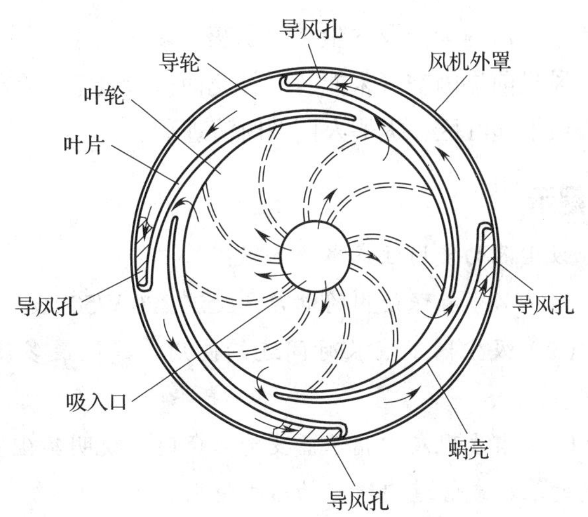

图 2—3—5　风机组件内部结构

吸尘器风机的工作原理与一般离心通风机相似。当叶轮由电动机驱动高速旋转时，它带动周围的空气一起转动。因离心作用，这些空气被甩向叶轮边缘，因此在叶轮轴心处便形成真空，产生与外界的负压差。由于被叶轮甩出的空气的速度大于周围的气流，故在气体运动中，有一部分动能转换为静压能，经电动机从出口挤出。空气流过电动机时，可起到冷却作用。

自动盘线机安装在电动机的后面。它的作用是将电源线收藏在机壳内。吸尘器上的自动盘线机由盘线筒支架、盘线筒、摩擦轮、发条、制动机构等组成。盘线筒安装在支架上，可绕支架转动。盘线筒上的电源线与电路的连接通过两个金属滑环实现。

自动盘线机的动力来自发条。发条位于盘线筒的后端，它的里端被螺钉固定在盘线筒轴杆上，外端固定在盘线筒上，其结构如图 2—3—6 所示。电源线抽出时，带动盘线筒转动，将发条上紧。使用时，制动轮压紧摩擦轮，阻止盘线筒反转。收线时，只要按下盘线按钮，制动轮即松开摩擦轮，盘线筒便在发条的驱动下反向旋转，将电源线卷收到盘线筒上。

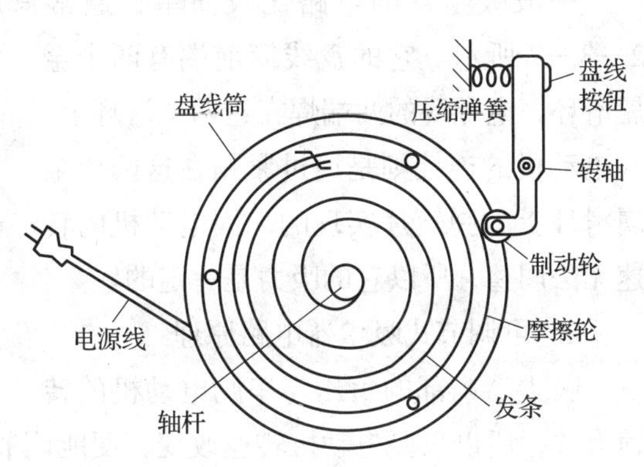

图 2—3—6　自动盘线机的结构

灰尘指示器是用来显示集尘器内积尘量多少的装置。灰尘指示器的弯管与风机前端相通。吸尘器正常工作时，空气能透过滤尘袋进入风机，风机前端的负压不太低，在弹簧压力作用下指示头位于蓝区，表示集尘器内尘土及滤尘袋上积灰不多。当集尘器内尘土杂物较多时，灰尘阻塞气流的通道。风机前端因空气未能及时补充而接近真空。在外界大气压力作用下，弹簧被压缩，指示头被推向红区，提醒人们及时清理积灰。

提示

吸尘器的使用注意事项如下：

（1）必须确保使用的电源是交流 220 V/50 Hz。

（2）吸尘器不宜长时间连续使用，建议最多使用半个小时，然后停机 5 min 后再次使用。

（3）当发现灰尘指示器变为红色时，说明集尘室已满或者是管道堵塞，需要清理集尘室内的垃圾或管道内堵塞物后再使用。

（4）如吸尘器的使用过程中噪声突然增大，且不能继续工作（无吸力），说明集尘室已满或者是管道堵塞，内置的空气保护阀打开，以保护电动机避免烧坏，此时只要清理集尘室或管道即可解决。

（5）家用吸尘器不能用于吸大量的微细粉末，如粉笔灰、水泥灰、面粉等。

（6）干式吸尘器不能用于吸水或含水量过多的潮湿垃圾。

（7）吸尘器不能用来吸大纸团、头发团等易堵塞吸管、软管的物品。

（8）在吸尘器工作时，不要随意用手、脚或其他物体堵塞吸口，以防电动机超负荷运转，造成发热或烧毁。

（9）当电源线拉出至黄色标志时，表示已拉到尽头，不能强行再拉。

（10）不能脚踏、拉扯软管以免破裂。

三、吸尘器的控制电路

1. 普通型吸尘器电路原理

一般吸尘器的电路比较简单，通常只用一个电源开关来控制电动机工作，如图 2—3—7 所示。它的盘线筒前端有两个金属滑环，电源线的两端焊在这两个滑环上。与电动机的连接则是通过紧贴在这两个金属滑环上的弹簧片实现的。因电动机的转速无法调整，所以它的吸力是一定的。

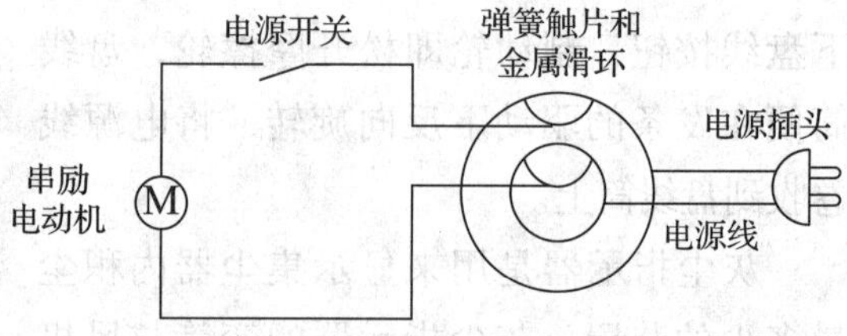

图 2—3—7　卧式吸尘器电路

2. 可调节式吸尘器电路原理

吸尘器内部的负压与串励电动机的转速有关，所以只要电动机转速改变，便能调节吸尘器的吸力。吸尘器有多种调速方法，采用较多的是双向晶闸管调速电路。该电路通过调整晶闸管的控制角，来改变施加到电动机上的平均电压，从而改变电动机的转速，达到调节吸尘器吸力的目的。吸尘器调速电路如图 2—3—8 所示。

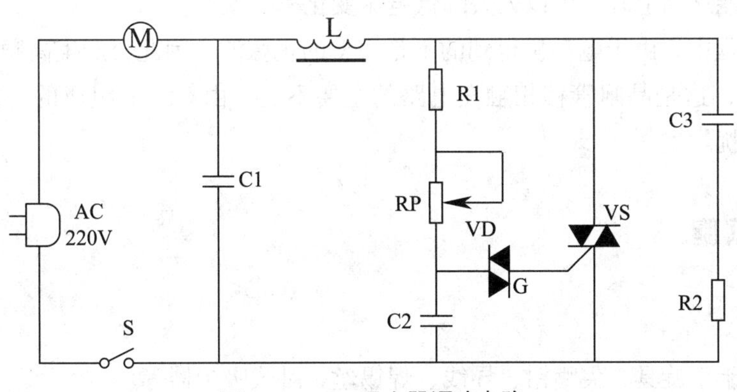

图 2—3—8　吸尘器调速电路

电路中，R1、RP、C2 及 VD 组成触发电路。通电后，在电源正半周时，电源通过 R1、RP 对 C2 充电。当 C2 两端电压上升到双向触发二极管 VD 的转折电压时，VD 突然导通，输出一个正脉冲，加到双向晶闸管 VS 的控制极上，使其导通。在电源过零的瞬间，VS 自动关断。在电源负半周时，C2 反向充电，当电压上升至双向触发二极管反向转折电压时，VD 反向导通，使 VS 控制极上得到一个负脉冲而再次导通。这样，触发电路在正弦交流电源的正、负半周分别输出一个触发信号，使晶闸管在每半周对称地导通一次。

晶闸管从过零到导通对应的电角度称为控制角，用 α 表示。导通开始至再一次过零对应的电角度称为导通角，用 θ 表示。α 或 θ 的大小取决于 R1、RP、C2 所组成电路的时间常数。调节 RP 的阻值，可以改变控制角 α（或导通角 θ）。电路中有关点的电压波形如图 2—3—9 所示。α 或 θ 的大小决定电动机工作电压有效值的大小（阴影部分）。如 RP 增大，α 变大（θ 变小），电动机得到的工作电压降低，电动机的转速变慢；反之，电动机的转速变快。由于电位器的阻值可以连接调节，所以电动机的转速可以连续改变。

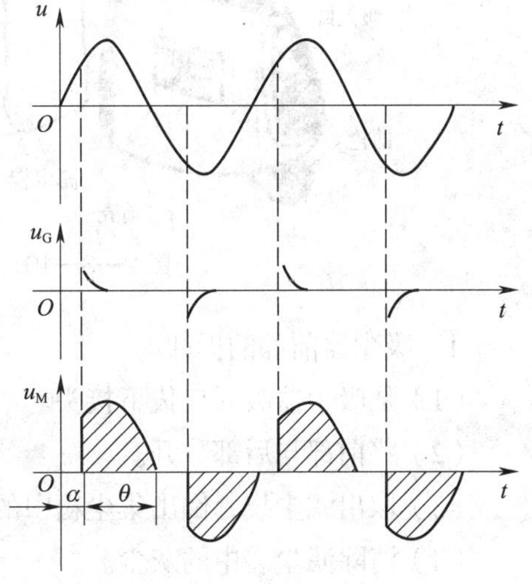

图 2—3—9　电压波形图

因为电动机是电感性负载，晶闸管所在回路中电压和电流不同相。当电流为零时，晶闸管自动关断，但此时交流电压的瞬时值并不等于零。

这一电压将全部加在晶闸管两个主电极上。为保护晶闸管，它并联了一个由 R2、C3 组成的过电压吸收回路。在晶闸管关断时，由于 C3 两端电压不会突变，加在晶闸管两个主电极上的电压只能逐渐上升，可以大大降低电压变化率。

在调速过程中，由于电动机得到的不是完整的正弦波，因此会产生高频电磁波，干扰其他家用电器，这是晶闸管移相触发电路的主要不足。由 C1、L 组成的滤波电路可以抑制这种射频干扰。

任务实施

一、器材准备

万用表、十字旋具、尖嘴钳、导线、焊锡丝、卧式吸尘器等。

二、实施过程

活动 1　吸尘器的拆装

如图 2—3—10 和图 2—3—11 所示为卧式吸尘器的立体展开图。

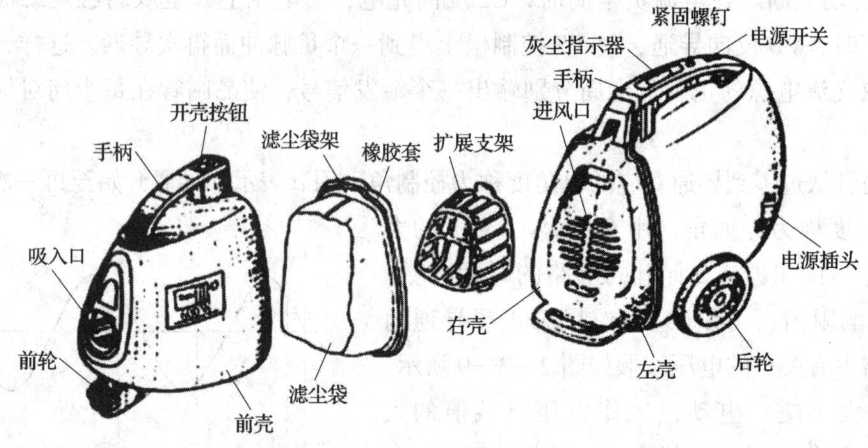

图 2—3—10　卧式吸尘器前部零部件展开图

1. 吸尘器前部的拆卸

（1）从吸尘器吸入口拔下接头。

（2）将前部与后部分开。

（3）取出滤尘袋，倒出集尘箱中的积灰。

（4）清除滤尘袋中的灰尘。

（5）卸下扩展支架。

2. 吸尘器后部的拆卸

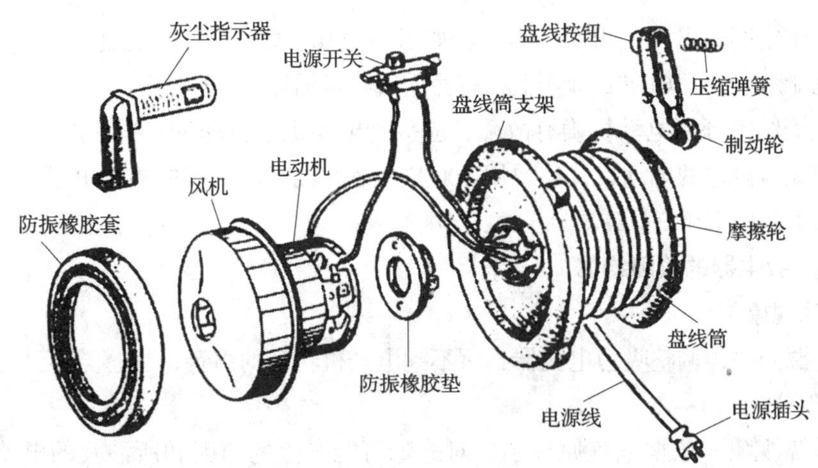

图 2—3—11　卧式吸尘器后部零部件展开图

（1）旋下吸尘器后部手柄上的紧固螺钉，取下手柄盖。

（2）旋下左、右壳紧固螺钉，取下左壳。

（3）右手握住自动盘线机，左手握住风机和电动机，将两者分开。

（4）拆开电动机的连接线，取出电动机。

（5）从右壳中取出盘线机构。

（6）从右壳中取出制动机构。

（7）卸下灰尘指示器。

3. 吸尘器的安装

按与拆卸相反的顺序安装吸尘器后部和前部。

活动 2　吸尘器主要器件的检测

吸尘器的核心是串励电动机。由于它工作时转速很高，电动机的零件较易磨损。故下面主要介绍串励电动机的检测。

由于一般家用吸尘器的功率都在几百瓦以上，因此它的电动机绕组电阻较小，检测时应该用万用表的 $R\times1\ \Omega$ 挡，且检测前要先调零。电动机定子绕组两个线圈的电阻相同，正常时均为几欧。如测得结果为∞，说明存在断路故障；如为 0，则有短路现象。还可以通过比较两个线圈的阻值，来判断某个线圈内部是否存在短路故障。

电枢绕组也可用万用表的 $R\times1\ \Omega$ 挡检测。换向器上每两片铜片之间的电阻在正常情况下应该相同。功率为 600 W 的吸尘器，该阻值约为 0.7 Ω。

换向器是串励电动机中的重要零件，当它出现短路、接地故障时，电动机会出现温升过高、振动及噪声现象。电刷与换向片间还会出现火花，严重时会损坏绝缘层。用万用表 $R\times1\ \Omega$ 挡检测两个相邻的换向片，如电阻为 0，说明存在短路故障。应用工具仔细清理换向片间的污垢，然后检查短路故障是否已排除。判断换向器是否接地，可用万用表检测换向片与转轴之间的电阻，正常应为∞。如阻值为0，表明换向器接地。这种情况，往往在外观上也能观察到，如在云母环上粘有污垢或明显损坏。

如果检测结果证明电动机确有故障，应拆开电动机进行修理。损坏严重无法修复的，应予更换。经检修过的电动机，还要用500 V兆欧表测量电动机的绝缘电阻。绕组与外壳之间的绝缘电阻应大于2 MΩ。

活动3　吸尘器的故障维修

1. 故障现象

接通电源开关，调整吸力电位器，听不到电动机转动的声音，也感觉不到有风。

2. 故障分析

根据故障现象，依据电气原理图，对故障可能产生的原因和所涉及的电路部分进行分析并做出初步判断，确定出现此类故障有电气故障和电动机机械故障两种可能。电气故障可能有：①墙壁上电源插座断路或内部弹簧片接触不良；②吸尘器的移动导线断路；③吸尘器中的电源开关触点氧化开路，电动机的电刷磨损严重；④吸尘器电动机调速电路故障；⑤电动机绕组断路。

机械故障可能为电动机轴承磨损严重，导致电动机偏心。

3. 维修方法及步骤

根据故障分析，可采用万用表电阻法、设备拆解观察法，来完成对以上故障可能性的检测与确认，以便选择合理的故障排除措施。该故障的具体维修方法见表2—3—1。

表2—3—1　　任务故障具体维修方法

步骤	检查内容	维修方法
1	检测交流电	用万用表交流电压挡，检查墙壁插座是否有220 V交流电；另外也可以将吸尘器先拖到其他房间用其他插座试机。若发现为插座故障，应修复插座
2	检查电源线	打开吸尘器的上盖，将电源软线全部拉出，用万用表电阻挡检测电源插头与电源输出端之间是否断路，同时还要抖动电源线，看是否有接触不良的现象。断路处多在电源插头根部附近。如果电源线有断路或接触不良的现象，以更换为主
3	检查外围电器	用万用表电阻挡分别测量电源开关接线柱之间电阻是否能在0与∞之间跳变。用万用表的一支表笔接电位器的中间端子，另一支表笔接任意一个端子，调节滑杆观察万用表的指针，应该能在0～470 kΩ范围内平滑转动，指针不能有跳变的现象。如果损坏则更换同规格的电位器或开关

续表

步骤	检查内容	维修方法
4	检查电动机绕组	用万用表电阻挡检测电动机电刷间的电阻值，判断电动机绕组是否开路（如果电动机绕组没有开路，则故障在调速电路板）。用手转动叶轮，观察转动是否灵活，是否有窜动现象。进一步检查则需要打开电动机，检查轴承是否破裂，转轴是否弯曲，用万用表检查相邻换向片间电阻值是否一致，检查电刷磨损情况，如果损坏，需更换电动机
5	检查调速电路板	调速电路板上易损器件主要是双向晶闸管及调速电位器。检查调速电路板，首先检查连接是否有开路现象，检查电路板的铜箔是否有开裂现象，再用万用表检查相应元器件是否损坏，如果损坏则更换同规格的调速电路板

除了本任务中已经检修的故障外，吸尘器常见的故障现象还有很多，其他常见故障的故障原因及维修方法见表2—3—2。

表2—3—2　　吸尘器其他常见故障的故障原因及维修方法

故障现象	故障原因	维修方法
吸尘器不能启动运转，有“嗡嗡”声	1. 定子绕组拆装后，线圈的引出线接错，使两极的磁性相同 2. 电枢铁芯和定子铁芯之间有杂物 3. 电枢和定子的同心度差，造成电枢铁芯和定子铁芯相摩擦	1. 卸下电动机，对换定子绕组一个线圈的引出线，如果造成电动机反转，只需再同时对换定子绕组两个线圈的引出线 2. 卸下电动机清除杂物 3. 卸下电动机，用软布垫好，看准位置后用锤子敲打机壳，以纠正同心度。如果纠正不过来，就要重新拆装轴承盖
吸尘器过热	1. 集尘箱积满灰尘或滤尘袋被灰尘堵塞，通风不畅，电动机散热不好，造成电动机过热 2. 吸尘器使用时间过长，电动机散发的热量不能及时排出，造成电动机过热 3. 定子绕组或电枢绕组局部短路或电枢绕组断路，使电动机转速减慢，电流增大，造成电动机过热 4. 轴承严重磨损，造成轴承过热 5. 电刷条严重磨损后，产生过量电火花，造成局部过热	1. 卸下吸尘器前壳，清除集尘箱内灰尘或清洗滤尘袋并在阴凉处晾干 2. 缩短吸尘器的使用时间 3. 卸下电动机，用万用表电阻挡检查定子绕组和电枢绕组，判定确有短路或断路故障后，再拆开电动机修理 4. 拆开电动机，更换轴承 5. 拆开电刷，更换电刷条

续表

故障现象	故障原因	维修方法
吸尘器吸力小，吸尘效果差	1. 吸尘器吸嘴或管道堵塞 2. 集尘箱内灰尘已满，或滤尘袋被灰尘堵塞，或滤尘袋潮湿 3. 壳体安装不严，或者滤尘袋架上没有安装橡胶套，外界空气从缝隙进入风机 4. 套在风机前面的防振橡胶套老化，造成密封不严，使排出的风又回到风机里 5. 电刷内的软弹簧弹力不足，电刷条同换向器之间的接触电阻变大，使电动机转速下降 6. 定子绕组或电枢绕组局部短路，或者电枢绕组断路，造成电动机转速下降 7. 轴承严重磨损，使电动机转速下降 8. 电动机修理后，定子绕组的两个线圈的引出头接反	1. 清除堵塞物 2. 卸下吸尘器前壳，清除集尘箱内的灰尘，或清除滤尘袋并在阴凉处晾干 3. 旋紧各个紧固螺钉，或装好滤尘袋架上的橡胶套，如果壳体有破裂处要粘补好 4. 更换防振橡胶套 5. 拆开电刷，更换弹力适中的软弹簧，但弹簧的弹力也不宜过大，否则会增加机械损耗，同样也会使电动机的转速下降 6. 卸下电动机，用万用表电阻挡检查定子绕组和电枢绕组，判定确有短路或断路后，再拆开电动机修理 7. 拆开电动机，更换轴承 8. 卸下电动机，同时对换定子绕组两个线圈的引出头
吸尘器噪声大	1. 紧固件松动，产生机械噪声 2. 叶轮变形，产生空气动力噪声或者叶轮碰壳，产生机械噪声 3. 轴承严重磨损，产生机械噪声 4. 电刷条同换向器接触不良，引起较大电火花，发出“噼叭”响声 5. 电枢绕组检修后动平衡差，产生振动	1. 旋紧各紧固螺钉 2. 卸下叶轮整形或更换叶轮 3. 拆开电动机，更换轴承 4. 拆开电刷检查，更换合格的电刷条或软弹簧 5. 修理电动机
自动盘线机失灵	1. 由于盘线按钮的压缩弹簧弹力不足，或连杆不灵活，或制动轮卡不住，造成电源线拉出后不能制动，又被拉回壳体内 2. 盘线筒与壳体相摩擦，或者按下盘线按钮后制动轮不能离开摩擦轮，造成电源线不能收回 3. 安装盘线筒时，未预先顺时针旋转盘线筒 3 ~ 4 圈，造成电源线不能完全收回 4. 安装盘线筒时，预先顺时针旋转盘线筒圈数过多，造成电源线不能完全拉出	1. 拆开吸尘器后壳，调整或更换压缩弹簧，排除故障 2. 拆开吸尘器后壳检查并排除故障 3. 卸下盘线筒，把电源线盘在盘线筒上，预先顺时针旋转盘线筒 3 ~ 4 圈，再把盘线筒装好 4. 卸下盘线筒，减少预先顺时针旋转的圈数，再把盘线筒装好

续表

故障现象	故障原因	维修方法
灰尘指示器失灵	1. 透明管体变形，造成指示头不能在管内自由活动 2. 透明管内的弹簧端头卡在指示头和管壁之间 3. 弹簧弹力过小，吸尘器正常工作时指示头也到达红区	1. 更换透明管 2. 拆开灰尘指示器，整理好弹簧端头后再重新装好 3. 更换弹力适中的弹簧，正常工作时指示头在蓝区，把吸入口堵住时指示头应到达红区

知识拓展

一、机器人吸尘器

机器人吸尘器是一种高端吸尘器，可自动打扫房间和充电。这种吸尘器体积小巧，可以轻松地钻到大多数茶几、床头柜、床和一些沙发的下面。但由于这类吸尘器体积过小，所以清洁效果有限，适合本来就很干净的家居环境，其外形如图 2—3—12 所示。

图 2—3—12　机器人吸尘器

二、中央吸尘系统

中央吸尘系统由吸尘主机、控制系统、吸尘管路、吸尘阀门接口、吸尘操作组件构成。吸尘主机远离居住区或生产区，吸尘阀门接口安装在各个房间的墙面或地面上，通过吸尘管道网络将二者连接起来，当吸尘操作软管被插入其中任一吸尘阀门接口时，系统就会自动开始工作。吸尘刷头所吸物料（灰尘、工业碎片等）都会通过管路被吸附到主机的集尘桶内。中央吸尘系统能使环境更加舒适安静，避免传统吸尘主机的噪声及尾气排放对生活、工作空间造成的二次污染。

任务评价

根据任务考核评分表（见表 2—3—3）进行任务评价。

表 2—3—3　　任务考核评分表

评价项目	评价标准	配分	自我评价	小组评价	教师评价
职业素养	安全意识、责任意识、服从意识强	5			
	积极参加教学活动，按时完成各项学习任务	5			
	团队合作意识强，善于与人交流和沟通	5			
	自觉遵守劳动纪律，尊敬师长，团结同学	5			
	爱护公物，节约材料，工作环境整洁	5			
专业能力	能说出吸尘器的结构	10			
	理解吸尘器工作原理及吸力的调节原理	10			
	能正确拆装吸尘器	15			
	能准确判断串励电动机等器件的好坏	15			
	能正确分析吸尘器常见故障原因并能排除故障	25			
合计		100			
总评	自我评价 × 20% + 小组评价 × 20% + 教师评价 × 60%=______	综合等级	教师（签名）：		

注：学习任务考核采用自我评价、小组评价和教师评价三种方式，考核分为 A（90~100）、B（80~89）、C（70~79）、D（60~69）、E（0~59）五个等级。

任务4　电动自行车原理与维修

学习目标

知识目标

1. 了解电动自行车的结构和主要部件的作用。
2. 理解电动自行车的电路原理。
3. 了解铅酸蓄电池的结构和使用注意事项。

能力目标

1. 能识读电动自行车电气安装位置图和安装接线图。
2. 能正确使用电动自行车常用维修工具和仪表。
3. 能排除电动自行车的常见故障。

任务引入

电动自行车是以蓄电池作为辅助能源，具有两个车轮，能实现人力骑行、电动或电助动功能的特种自行车。因其省力、快捷、环保、噪声小、价格适中等优点，近几年来备受人们青睐。常见电动自行车的外形如图 2—4—1 所示。

图 2—4—1　常见电动自行车的外形

本任务主要通过对电动自行车主要部件及工作原理的介绍，熟悉电动自行车的结构，了解其工作原理及典型电路。并在此基础上，根据故障现象，分析故障原因，掌握排除电动自行车常见故障的方法。

知识准备

一、电动自行车的结构

电动自行车主要由基础零部件、结构部件、电气组件和基本配件四大部分组成，其中电气组件的主要组成部件及作用见表 2—4—1。

表 2—4—1 电动自行车电气组件的主要组成部件及作用

部件名称	部件实物图	部件作用
蓄电池		蓄电池是电动自行车的动力源，它将电能以化学能的形式储存起来，然后在电动自行车运行过程中释放出来，供给电动机。目前电动自行车上普遍使用的仍然是铅酸蓄电池，其价格便宜、容量较大，但是锂电池也正在逐渐普及
充电器	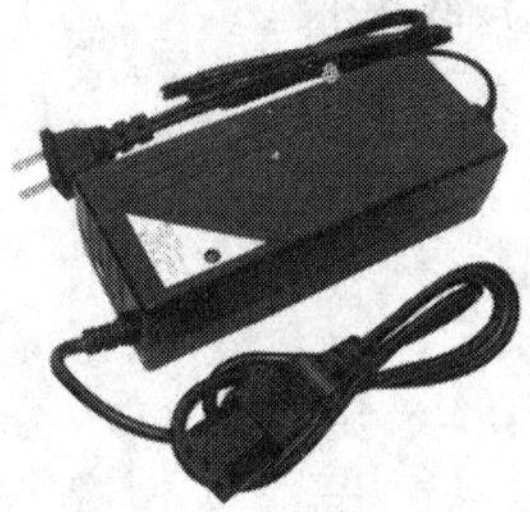	用于对蓄电池充电，其输出电压一般有 36 V 和 48 V 两种，目前为了提高充电效率，市场上已经出现输出电压为 60 V 的充电器
直流电动机		直流电动机能将蓄电池储存的电能转换为旋转力矩，驱动车轮转动。目前，电动自行车的电动机主要有有刷直流电动机与无刷直流电动机两种，其中以无刷直流电动机为主，其工作电压有 36 V 和 48 V 两种
控制器	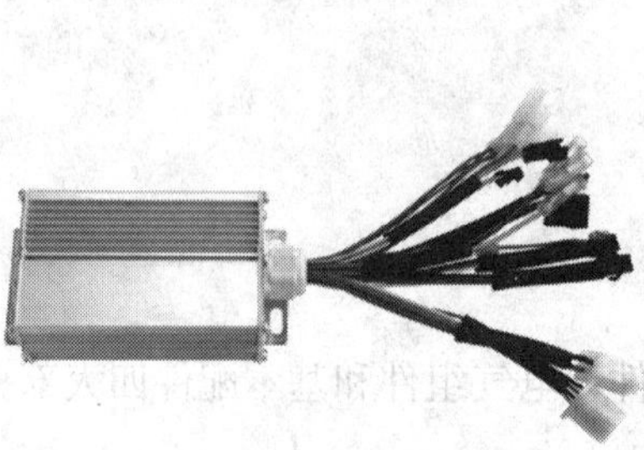	控制器是电动自行车能量管理与各种控制信号处理的核心部件，它除了控制电动机转速外，还具有欠电压、限电流或过电流保护功能，可以更好地保护电动机及其电路。智能型控制器还具有多种骑行模式和整车电气部件自检功能

续表

部件名称	部件实物图	部件作用
闸把	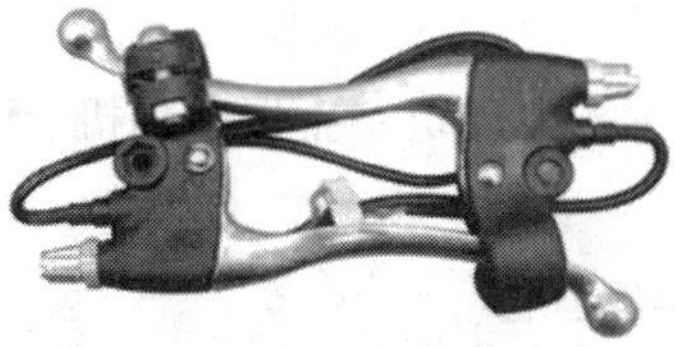	通过闸把可以在制动时对制动机构提供拉力，利用机械摩擦来制动转动的车轮；同时利用闸把内部的电子开关输出一个电信号给控制器，停止对电动机的供电，从而实现制动断电功能
仪表总成		用于显示整车的蓄电池电量和车速等信息
调速把	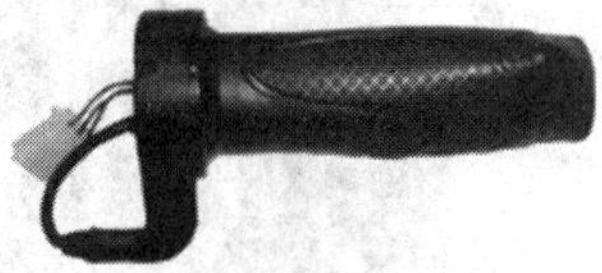	用于控制电动自行车的行车速度
照明灯	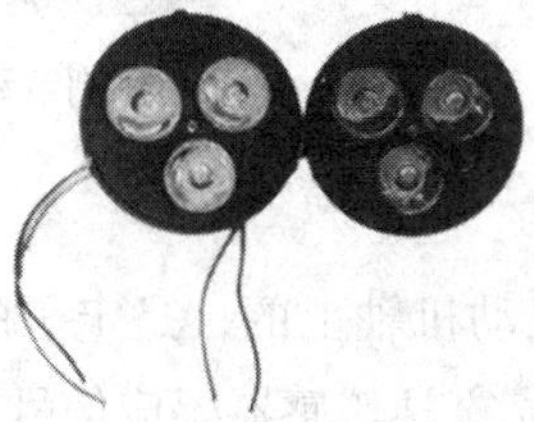	用于夜间行车时的照明，目前普遍采用LED灯，耗电量低

1. 电动机

在电动自行车中，电动机将车载蓄电池的电能转化为机械能，从而驱动电动车的轮毂部件，达到电动自行车前行的目的。这里所说的电动机是指电动机总成，既包括电动机也包括其减速机构等。由于电动自行车所带的能源有限，为了成为全天候的交通代步工具，电动自行车的电动机既要节能，又要具有较高的可靠性，能耐受较恶劣的使用环境。

电动自行车使用的电动机可以按照电压、输出功率、结构、安装方式、通电方式等进行分类。

按电压不同可分为 24 V、36 V、48 V、60 V、72 V 等。

按输出功率不同可分为 180 W、250 W、350 W、500 W、800 W、1 000 W 等。

按结构不同可分为有齿电动机和无齿电动机。

按安装方式不同可分为辐条电动机、一体轮毂电动机、中置电动机、摩擦轮胎式电动机等。

按通电方式不同可分为有刷电动机和无刷电动机。

现在市场上常见的电动自行车电动机有辐条电动机、一体轮毂型有刷有齿电动机、有刷无齿电动机、无刷有齿电动机、无刷无齿电动机和侧挂有齿电动机。

（1）有刷电动机

有刷电动机旋转时，线圈内电流方向的变化是依靠电动机转子转动的换相器和固定于定子上的碳质电刷的接触导电来实现的。由于有电刷与换向器之间的高速摩擦，因此噪声很大，而且会产生大量的电火花，磨损很大，所以有刷电动机需要定期更换电刷。有刷电动机的定子结构如图 2—4—2 所示，转子结构如图 2—4—3 所示。

图 2—4—2　有刷电动机的定子结构

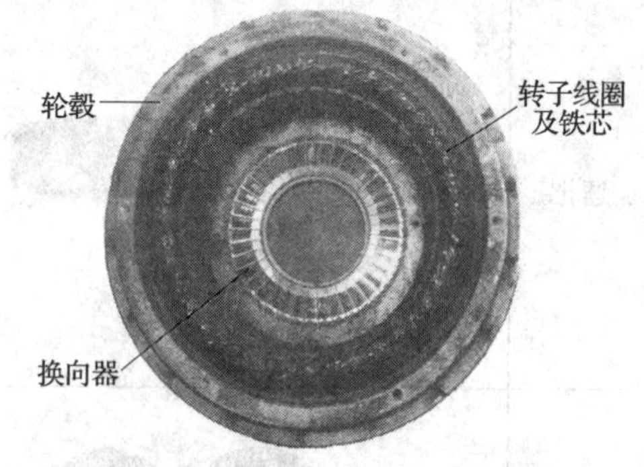

图 2—4—3　有刷电动机的转子结构

（2）无刷电动机

无刷电动机的线圈与位置传感器是固定在电动机轴上的，是定子的一部分，不能旋转。无刷电动机以霍耳传感器取代电刷换向器，靠霍耳传感器感应信号，由控制器适时向线圈中输出合适方向的电流，完成电子换向。无刷直流电动机采用方波自控式永磁同步电动机，产品性能全面超越传统直流电动机，同时又克服了直流电动机电刷易磨损的缺点，是目前最理想的调速电动机。

无刷电动机由电动机端盖、轴承、磁钢、转子、电动机轴、定子、三个霍耳传感器、线圈等构成，其结构如图 2—4—4 和图 2—4—5 所示。无刷电动机的相角，是指无刷电动机各线圈在一个通电周期内，线圈内部电流方向改变的角度。电动自行车常见的相角形式有 120° 和 60° 两种。

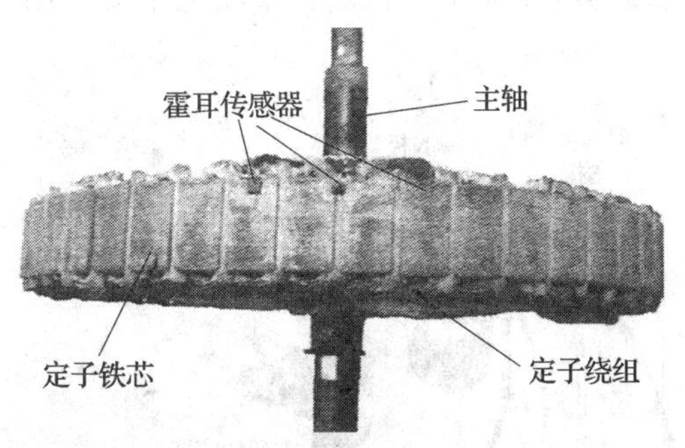

图 2—4—4　无刷电动机的定子结构

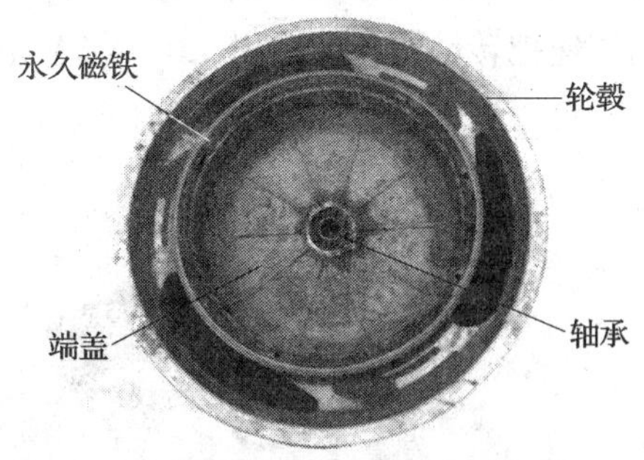

图 2—4—5　无刷电动机的转子结构

2. 控制器

电动自行车采用控制器的主要目的是控制电动机运转速度（即车速）和对整车电气系统及有关电气装置进行有效控制和保护。控制器是电动自行车的控制核心，它接收调速把和闸把送来的各种信号，如启动信号、减速信号、定速信号及刹车信号等，并将这些信号进行处理，转换为控制电动机的各种信号，使电动机实现启动、变速和停止等动作。

各个电动自行车采用的电动机形式不尽相同，参数、结构也各不相同，所以选用的控制器的形式必然也不同，从功能来看，可分为普通型和智能型。

普通型控制器：有基本的欠压保护、限流 / 过流保护功能。

智能型控制器：除有基本的欠压保护、限流 / 过流保护功能外，还有堵转保护、故障自检 / 显示、助力、巡航、电磁刹车等功能。

电动自行车控制器的各种保护功能的含义如下。

欠压保护：欠压保护电路在电池电压降低到控制器设定值时，会停止 PWM 信号的输出，以保护电池不至于在低电压情况下放电（防止电池过放电）。

限流 / 过流保护：限流 / 过流保护电路用于限制控制器最大输出电流，以保护电池、控制器、电动机。

堵转保护：当电动机发生堵转时，一般在 6 s 内控制器会逐步停止输出。

3. 调速把与闸把

调速把俗称转把，是电动自行车速度的直接控制部件。调速把将骑车人旋转转把的角度信息，以电信号的形式送给控制器，再由控制器处理后调整电动机绕组的电流，从而控制电动机的转速，改变电动自行车的行车速度。

电动自行车的调速把普遍采用霍耳传感器控制方式，其结构如图 2—4—6 所示。调速把上连接有三条电线，分别是正极电源线、负极电源线和输出信号线。正、负电源线为霍耳传感器提供静态工作电压，转动调速把时（实际上转动的是调速把内磁铁的位置）改变霍耳传感器周围的磁场强度，使霍耳传感器输出的电压随之发生变化，再由内部的放大电路加以放大整形后输出，信号输出线上会有连续的电压输出。目前，市场上主要采用的是根据调速把转动的角度输出 1.0～4.2 V 电压的“正把”。

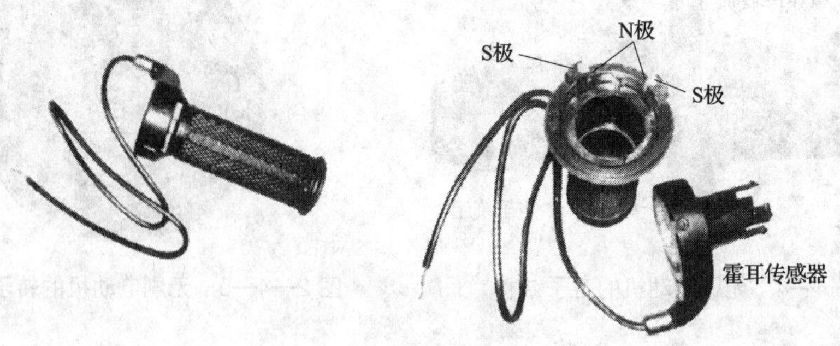

图 2—4—6　电动自行车调速把的结构

闸把是电动自行车制动的直接控制部件，闸把利用机械摩擦原理，将车轮转轴抱住停止转动，同时向控制器发出“刹车”信号，停止对电动机的供电，切断动力输出，以保护电动机，防止电动机绕组烧毁。电动自行车闸把的位置传感器有机械微动开关式和霍耳感应开关式两种。闸把输出的刹车信号有“高电位刹车”与“低电位刹车”两种形式，要与相应的控制器类型配套使用，这两种闸把的控制形式如图 2—4—7 所示。

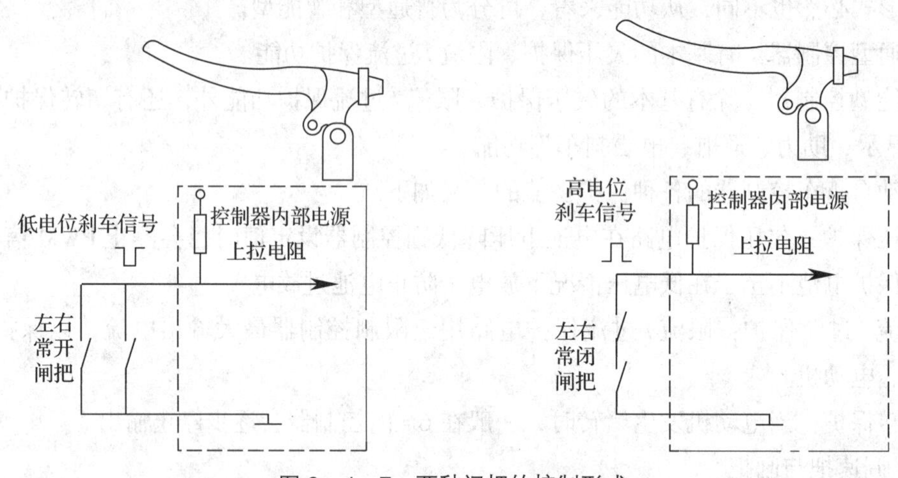

图 2—4—7　两种闸把的控制形式

二、电动自行车的电路原理

整机工作原理：打开钥匙电源锁，控制器得电进入待机状态，当旋动调速把时，调速信号通过输出引线送往控制器中，控制器根据接收到的信号强弱做出相应的反应，输出驱动和控制电动机旋转的信号；在行驶过程中，按下闸把时，闸把将刹车信号通过信号线送入控制器中，控制器收到刹车信号后立即发出断开电动机电源指令，同时电动车后轮中的抱闸动作，实现机械制动刹车。

1. 有刷电动自行车整车电气线路

蓄电池通过车锁开关给有刷控制器提供电源，再由控制器输出电流驱动有刷电动机转动。左、右闸把内置的开关向控制器提供刹车信号，由控制器相应电路切断电动机的供电回路，在制动系统的帮助下使车轮停止转动。转把内的霍耳传感器向控制器提供调速信息，控制器改变电动机的驱动电流，电动机的转速将随之改变。当用脚蹬电动自行车时，助力传感器将链轮的转速提供给控制器，控制器内部对应线路适时驱动电动机旋转，实现助力功能。仪表板电路实现对蓄电池电量检测和照明及转向电路的控制。有刷电动自行车的控制器与电动机之间只有两条供电用的连线，其整车电气线路如图 2—4—8 所示。

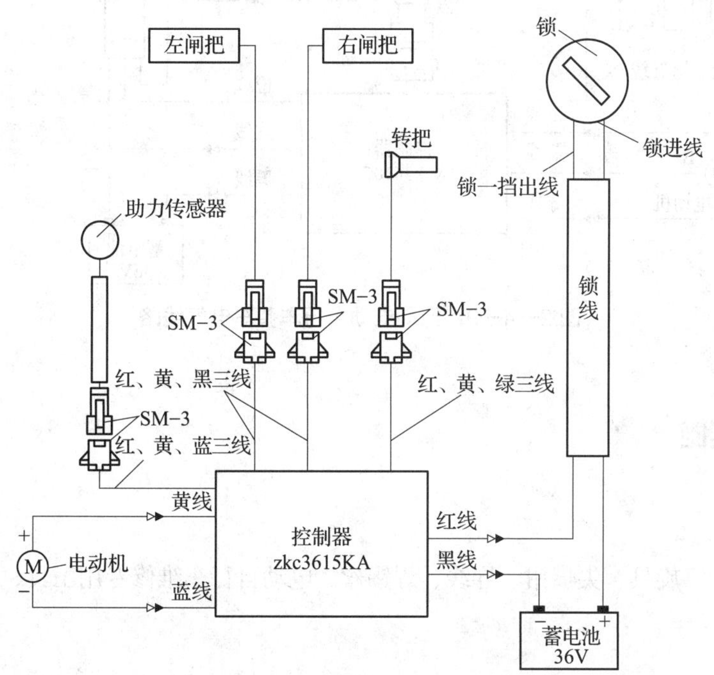

图 2—4—8　有刷电动自行车整车电气线路

2. 无刷电动自行车整车电气线路

无刷电动自行车的整车电气线路如图 2—4—9 所示，无刷控制器通过内部电路将蓄电池所提供的直流电源转换成脉冲信号送给无刷电动机对应的驱动电路，使电动机运转。车锁开关控制蓄电池对无刷控制器的供电，车灯及喇叭（扬声器）的供电需要通过电压转换器将蓄电池电压转换成低电压。通过车把的旋转来控制无刷控制器输出脉冲宽度，从而改变无刷电动机的转速，实现电动自行车的速度调节。

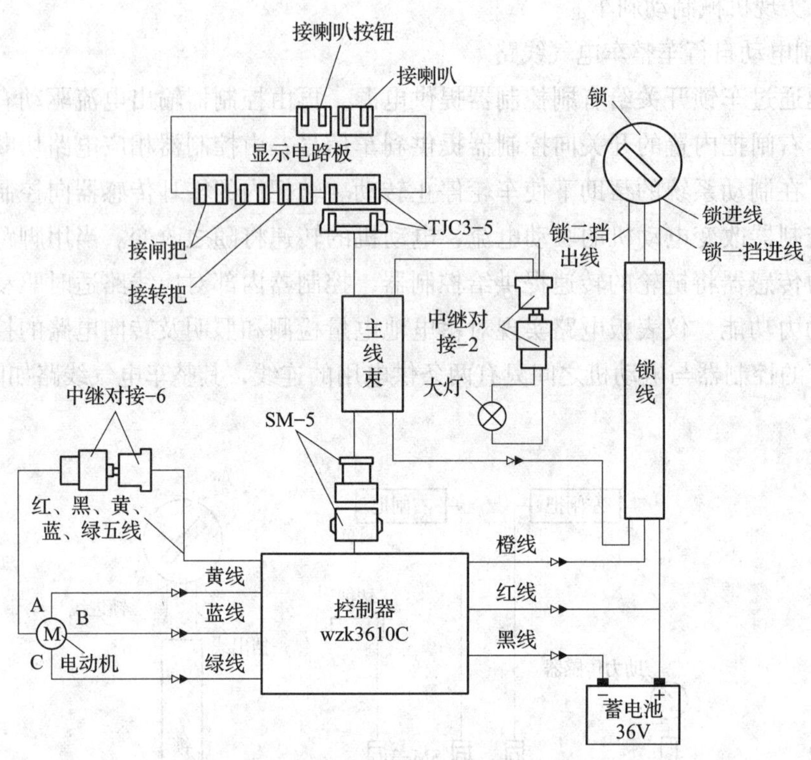

图 2—4—9　无刷电动自行车整车电气线路

任务实施

一、器材准备

万用表、十字旋具、尖嘴钳、导线、焊锡丝、电动自行车维修专用工具、电动自行车等。

二、实施过程

电动自行车的故障维修

电动自行车在使用过程中，由于工作环境复杂，故障频率相对较高。

1. 故障现象

转动电源开关，仪表指示电量正常，转动调速把时电动机不转动。

2. 故障分析

根据故障现象，依据电气原理图，对故障可能产生的原因和所涉及的电路部分进行分析并做出初步判断，因仪表显示正常，说明蓄电池的供电基本正常，所以故障可能在电动机、控制器和调速把上。

3. 维修方法及步骤

根据故障分析，可采用万用表电阻法、设备拆解观察法，来完成对以上故障可能性的检测与确认，以便选择合理的故障排除措施。

（1）拔下闸把的连线（常开型），电动机如果转动，说明闸把损坏，应予以更换。

（2）用万用表电压挡检测转把供电电源 5 V 电压是否正常，再检测转把的输出信号电压。转动调速把时，信号电压应在 0.8 ~ 4.2 V 由低向高变化。如电压无变化或输出电压始终小于 1 V，则说明调速把有故障或调速把线有短路现象，需要加以更换。

（3）用万用表分别检测电动机霍耳传感器信号线的电压。用手慢慢转动电动机，每相电压应在 0 ~ 5 V 之间变化，如电压无变化则为电动机霍耳传感器损坏，应更换电动机或电动机霍耳传感器。如每相电压变换正常，且供电正常，则说明控制器损坏，应更换控制器。

（4）用万用表电阻挡检测电动机绕组的直流电阻。三个绕组的端线（电动机引线中粗的三条）电阻均很小，为 1 Ω 左右，而且应该完全相同，否则说明电动机定子绕组已损坏，应予以更换。

（5）用万用表的二极管测量挡，检测霍耳传感器与电源线之间的导通电压，当红表笔接霍耳传感器信号线，黑表笔接 5 V 电源线时，测量数据应为 1.0 V，并且三条霍耳传感器信号线应当一致，对换表笔测量时不导通。红表笔接电源负极线，黑表笔接霍耳传感器信号线时，测量电压为 0.8 V，反之也不能导通。测量结果如果与上述不符，则说明电动机内霍耳传感器损坏。

（6）电动机不转，应重点检查电动机霍耳开关和调速把信号。若通电后，控制器外壳很烫，一般是控制器内部功率管短路，应立刻切断电源。用万用表检测控制器的电源输入端电压，电压应大于 36 V（表明蓄电池已充足电），如无电压，应检查输入线。检查控制器调速把的电源电压（接调速把的红、黑线），正常电压为 5 ~ 6 V，如无 5 V 电压，拔下调速把插座。如果电压恢复正常，即为调速把损坏（短路）。拔下调速把后无 5 V 电压，拔下电动机霍耳传感器插座，电压恢复为 5 V，则可能为电动机霍耳传感器短路。如仍无 5 V 电压，则为控制器故障，应更换控制器。

知识链接

无刷控制器好坏判定方法

（1）选用万用表电阻挡，用红表笔接控制器负极，黑表笔依次测量控制器黄、绿、蓝主线，应有 10 kΩ 左右读数（数字万用表），且 3 次读数应基本一致。用黑表笔接控制器正极，红表笔依次测量控制器黄、绿、蓝主线，应有 15 kΩ 左右读数，且 3 次读数应基本一致。

（2）经过以上测量证明无刷控制器内 MOS 管（晶体管）正常后，把控制器接上整车，接通电源，拔掉制动线，用万用表电压挡测量调速把 5 V 电压是否正常。

（3）若以上测量结果均正常，表示控制器基本正常。

除了本任务中已经检修的故障外，电动自行车电气部分的常见故障现象还有很多，其电气部分常见故障的故障原因及维修方法见表 2—4—2。

表 2—4—2　　电动自行车电气部分常见故障原因及维修方法

故障现象	故障原因	维修方法
仪表盘电源显示灯不亮，电动机也不工作	1. 蓄电池无电或蓄电池组间引线断开，对外不显示电压 2. 电源开关损坏，不能接通电路 3. 熔断器断开，熔断器接触不良，蓄电池接插器松动或蓄电池损坏等	1. 检测蓄电池的输出电压，如果没有电压，则需打开电池盒，检查蓄电池组的连接情况，并分别检测单块电池的输出电压 2. 打开电源开关，用万用表电压挡测量电源开关引线的输入和输出电压。若输入电压正常，输出电压为零，则表明电源开关损坏，也可以拆下用万用表的电阻挡进一步检测是否损坏 3. 若电源开关的输入电压为 0，则表明熔断器、熔断器架、蓄电池、蓄电池连接线等存在故障，应分别检查确认是否损坏
电动自行车行驶无力，在阻力较大的道路上行驶时，明显感到电动机转速降低，在平坦道路上行驶时，无法达到最高车速	1. 轮胎气压过低，导致轮胎与地面的摩擦力增大 2. 闸把自由行程过小，导致制动蹄与制动鼓内表面接触，产生制动力矩，阻滞车轮转动；制动凸轮转动不灵活，导致制动蹄不能及时回位，而与制动鼓内表面接触，产生制动力矩，阻滞车轮转动；轮毂上的滚珠轴承润滑不良，使车轮转动不灵活；轮毂的中间衬套漏装或偏短，造成拧紧轮轴螺母时轴承内环、滚珠、轴承外环和轮毂都参与传递轴向力，导致滚珠不能灵活转动 3. 蓄电池电量不足 4. 调速开关故障，即调速把内霍耳传感器损坏等 5. 控制器故障或电动机异常	1. 检查轮胎气压并保持正常 2. 将前、后车轮悬空，用手转动车轮，若车轮转动不灵活，则检查闸把自由行程是否过小、制动鼓盖上的凸轮转动是否灵活、车轮轮毂上的滚珠轴承是否润滑不良或损坏、轮毂的中间衬套是否装漏或偏短等 3. 打开电源开关，骑行加速。若仪表内电压表数值大于蓄电池额定电压，则表明蓄电池电量充足；否则，应进行充电 4. 用万用表直流电压挡测量调速信号线的电压。当调速把在转速最大位置时，调速信号线的电压应为 4.2 V。若小于该值，将导致电动机转速慢而无力，应修理或更换调速把 5. 根据任务实例所述方法进行维修

续表

故障现象	故障原因	维修方法
电动机时转时停	一般是由于线路或器件某处接触不良引起	1. 若为蓄电池接触不良或线路插接器接触不良，应紧固 2. 若为闸把损坏，应调整或予以更换 3. 若为调速把内霍耳传感器与磁钢损坏，检测信号输出端子的输出电压是否连续变化，若不是应更换调速把 4. 若为电源开关异常导致接触不良，应更换 5. 若为控制器内部元器件脱焊或虚焊引起接触不良，应重新焊接 6. 若为电动机内电刷引线接触不良，应紧固；若电刷在刷架中移动受阻，应减少阻力；若电刷弹簧弹力减弱，应更换 7. 若为换向器严重烧蚀，应更换
按动喇叭开关，喇叭不响	一般是由于喇叭损坏，喇叭开关损坏，连接线或接插件断路或接触不良引起	按下喇叭开关后用万用表电压挡检测喇叭连线两端电压，如电压正常，说明喇叭损坏；如无电压，则是喇叭开关损坏或导线断路；将喇叭开关两线短接，如果故障排除，说明喇叭开关有故障
开关拨到前照灯点亮位置，前照灯不亮	一般是由于前照灯损坏，前照灯开关损坏，连接线或接插件断路或接触不良引起	转动前照灯开关，用万用表电压挡检测前照灯连线两端电压，如电压正常，说明前照灯损坏；如无电压，则是前照灯开关损坏或导线断路；将前照灯开关两线短接，如果故障排除，说明前照灯开关故障
接通电源开关后，熔断器马上烧坏	电动车有严重短路现象	拔下蓄电池与电动自行车的插头，打开电源开关，关掉所有灯具开关。用万用表电阻挡测量电源插头（或是电池的两个触点）之间电阻，如电阻极小（接近0），说明线路短路，可用断路法依次检测找到故障点；如拔下控制器电源接头，万用表指针恢复正常，说明控制器损坏；如前照灯或转向灯开关打开后烧坏熔丝，应检查前照灯灯座或转向灯灯座有无短路

知识拓展

铅酸蓄电池

1. 铅酸蓄电池的结构

铅酸蓄电池是一种电化学直流电源，俗称电瓶。铅酸蓄电池是电动自行车的供电电源。目前电动自行车大多采用铅酸蓄电池供电。

铅酸蓄电池主要由正极板、负极板、电解液、隔板、外壳、接线栓及密封部分等组成，如图 2—4—10 所示。

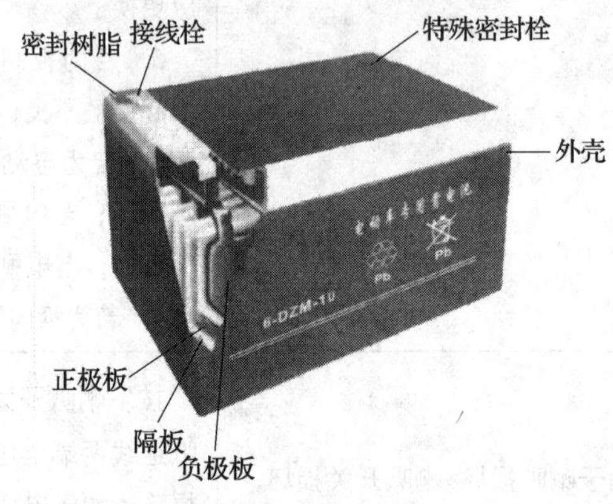

图 2—4—10 铅酸蓄电池的结构

正、负极板群是产生电能的主体部分，在电解液中进行氧化还原反应，分别聚合正负电荷，向外供电，极板的个数决定了该蓄电池的容量，极板个数越多，电池的容量就越大。电解液（稀硫酸）的作用是在化学能转换为电能的电化学反应中电离出离子，起导电作用并参与电化学反应。在放电过程中，电解液中的硫酸被消耗而密度降低；在充电过程中，硫酸由正负极板还原使电解液密度升高。电解液中的水分在使用过程中会有消耗，需定期添加蒸馏水。

隔板起隔离作用，用来防止正负极板短路，又可以在一定的空间中增加极板的数量，提高电池的容量。

蓄电池的容量以符号“C”表示。蓄电池的容量单位（安时）用“A·h”来表示。图 2—4—10 中电池的型号为“6-DZM-10”，表示输出电压为 12 V，额定容量为 10 A·h。目前电动自行车常用的蓄电池容量为 12 A·h。

2. 铅酸蓄电池的使用注意事项

（1）不了解蓄电池安装方法的人员不得进行蓄电池的安装和拆卸。

（2）拆卸蓄电池箱时，应先关闭电源开关。

（3）安装时应确认正负极，避免正负极接反。

（4）安装蓄电池时，避免金属工具搭在正负极上造成蓄电池短路损伤蓄电池。

（5）安装蓄电池时，卡（线）与端子要卡实、焊实，不得有松动现象。蓄电池应安装牢固，避免蓄电池在电动自行车行驶过程中因颠簸造成振动，导致蓄电池损伤漏液。

（6）蓄电池不能接近明火或高温热源，天气炎热时严禁在阳光下直接暴晒。

（7）发现蓄电池外壳破裂渗液时，必须更换蓄电池，以免造成酸液腐蚀。

（8）电解液为酸性溶液，切勿沾到皮肤或衣服上，切忌溅入眼内。如沾到皮肤、衣物上或溅入眼中，必须及时用清水冲洗。

（9）蓄电池在使用 6 ~ 8 个月时应请专业人员维护，以延长蓄电池的使用寿命。

任务评价

根据任务考核评分表（见表 2—4—3）进行任务评价。

表 2—4—3　　任务考核评分表

评价项目	评价标准	配分	自我评价	小组评价	教师评价
职业素养	安全意识、责任意识、服从意识强	5			
	积极参加教学活动，按时完成各项学习任务	5			
	团队合作意识强，善于与人交流和沟通	5			
	自觉遵守劳动纪律，尊敬师长，团结同学	5			
	爱护公物，节约材料，工作环境整洁	5			
专业能力	能说出电动自行车的结构	10			
	理解电动自行车工作原理及调速原理	10			
	能使用工具正确拆装电动自行车	15			
	能采用合理的方法检测电动自行车主要器件	15			
	能正确分析电动自行车常见故障原因并排除故障	25			
合计		100			
总评	自我评价 × 20% + 小组评价 × 20% + 教师评价 × 60%=________	综合等级	教师（签名）：		

注：学习任务考核采用自我评价、小组评价和教师评价三种方式，考核分为 A（90~100）、B（80~89）、C（70~79）、D（60~69）、E（0~59）五个等级。

任务5　双桶洗衣机原理与维修

学习目标

知识目标

1. 了解双桶洗衣机的结构。
2. 理解双桶洗衣机的工作原理。

能力目标

1. 能正确拆装双桶洗衣机。
2. 能识别双桶洗衣机主要器件并判断其好坏。
3. 能排除双桶洗衣机的常见故障。

任务引入

波轮式洗衣机又称涡流式洗衣机，以其洗净率高、造价低廉、体积小、质量轻等优点得到广泛使用。普通型双桶洗衣机是指洗涤、漂洗、脱水三个过程的相互转换均需人工完成的洗衣机。这类洗衣机通常靠波轮运转产生洗衣所需的机械力。洗衣机的进水、排水、洗涤方式的选择，洗涤或脱水总时间的设定都需要由人来操作。它的洗涤系统与脱水系统相对独立，由两台电动机分别驱动波轮和脱水桶，洗涤或脱水时间也由两个定时器分别控制。它的外形如图 2—5—1 所示。

本任务首先介绍波轮式普通型双桶洗衣机的结构和工作原理，然后在教师带领下拆装双桶洗衣机，熟悉双桶洗衣机的结构及主要器件，掌握它的拆卸、安装方法，了解其工作原理及典型电路。最后运用常用工具，对双桶洗衣机的洗涤电动机、脱水电动机、电容器、洗涤定时器、脱水定时器、琴键开关等主要部件进行检测，判断它们的好坏，并从故障现象出发，分析故障原因，掌握排除双桶洗衣机常见故障的方法。

图 2—5—1　双桶洗衣机

知识准备

一、双桶洗衣机的结构

波轮式双桶洗衣机由洗涤系统、脱水和排水系统、电动机和传动系统、电气控制系统、支承机构五个部分组成。喷淋式双桶洗衣机的结构比一般的双桶洗衣机稍微复杂一些，在脱水桶内增加了喷淋装置。如图 2—5—2 所示是喷淋式双桶洗衣机的结构。

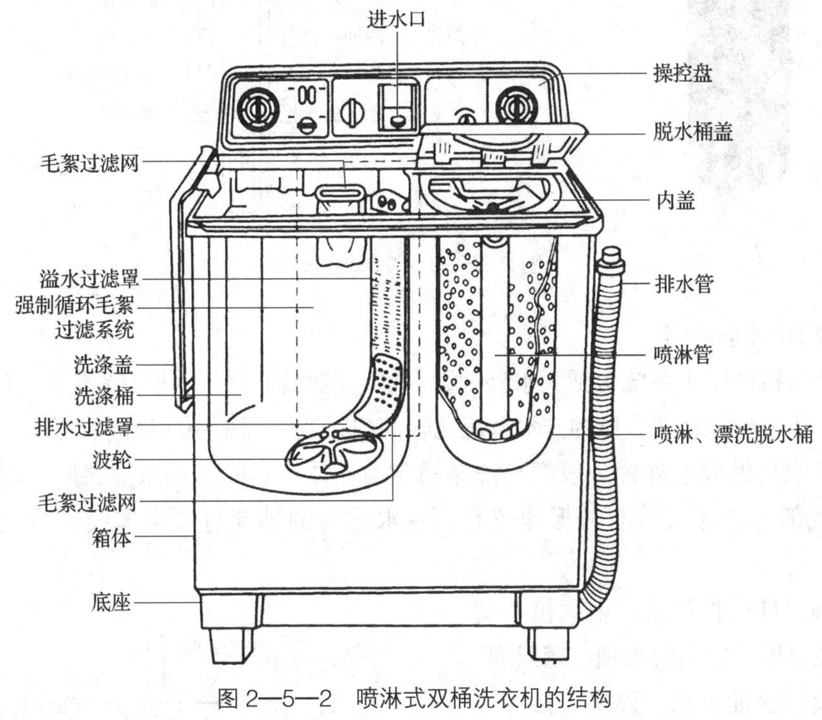

图 2—5—2　喷淋式双桶洗衣机的结构

1. 洗涤系统

双桶洗衣机的洗涤系统主要由洗涤桶、波轮、波轮轴组件等组成。洗涤桶用于盛放洗涤液和被洗衣物，并协助波轮进行洗涤。为了避免洗涤液中的毛絮、纤维等细小杂物粘到衣物上，洗涤桶内还设有强制循环毛絮过滤系统。波轮是对洗涤物施加机械作用的主要部件。按其直径尺寸可分为大波轮和小波轮两种类型。在它的中心有安装孔，通过一个紧固螺钉将其固定在波轮轴上。波轮轴组件是支承波轮、传递动力的重要部件。它包括波轮轴、轴套、轴承、密封圈等，如图 2—5—3 所示。波轮轴的上端用于安装波轮，下端安装大传动带轮。为保证洗涤液不从波轮轴与轴套之间渗漏，波轮轴必须套在安装于轴套上端的橡胶密封圈内。

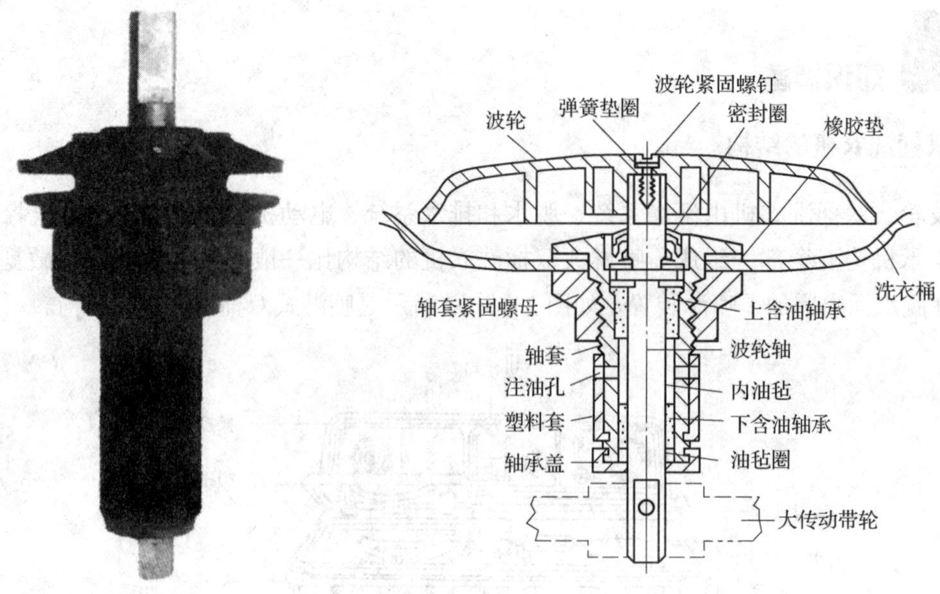

图 2—5—3　波轮轴组件

2. 脱水和排水系统

双桶洗衣机的脱水系统包括脱水外桶、内桶、脱水轴组件、刹车装置等，有的还带有喷淋装置。普通型双桶洗衣机的排水系统比较简单，通常都采用四通阀。

双桶洗衣机的脱水外桶一般都与洗涤桶连为一体。它除了用来盛接脱水时产生的污水外，其底部中心还安放有波形橡胶套，脱水内桶的轴穿过波形橡胶套与脱水电动机连接。

脱水轴组件的作用是将电动机的动力传递给脱水桶。它由脱水轴、密封圈、波形橡胶套、含油轴承、连接支架等组成，如图 2—5—4 所示。在带有喷淋功能的双桶洗衣机的脱水内桶的中心安装着喷淋管。

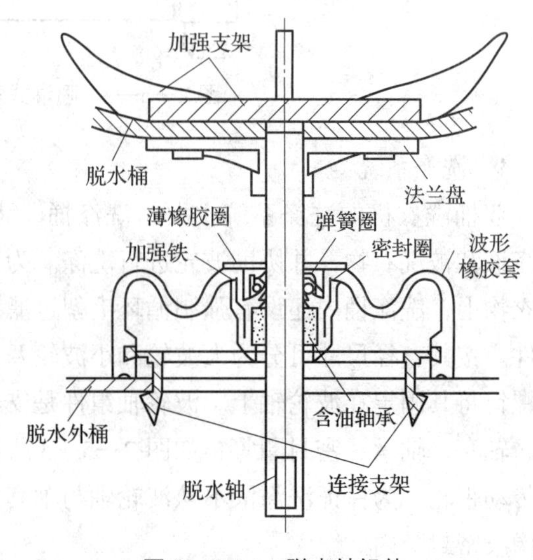

图 2—5—4　脱水轴组件

为避免高速转动的脱水内桶在工作时伤及人体，双桶洗衣机上都有受脱水桶盖控制的刹车装置。它安装在脱水电动机的上端，主要由刹车盘、拉簧、刹车动臂、刹车块、钢丝等组成，如图 2—5—5 所示。脱水桶盖合上时，刹车钢丝被拉紧，钢丝的拉力使刹车动臂绕销轴顺时针转动，刹车块放松刹车盘，脱水电动机可正常运转。在脱水状态下开盖，脱水桶盖在切断脱水电动机电路的同时，将刹车钢丝放松。刹车动臂在弹簧拉力的作用下绕销轴做逆时针转动，刹车块抱紧刹车盘，使脱水桶在 10 s 内停止转动。合盖后，重新恢复到正常运转状态。

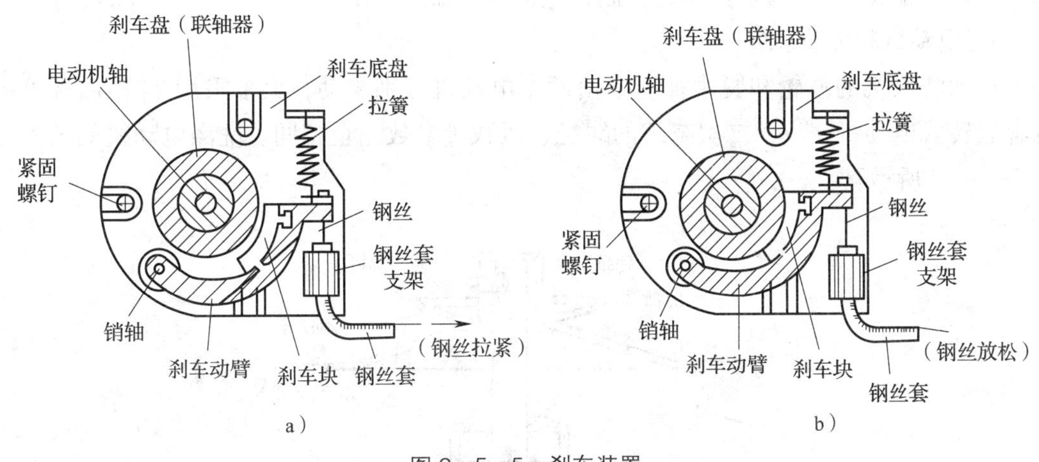

图 2—5—5　刹车装置

a）正常运转状态　b）开盖后刹车状态

普通型双桶洗衣机上所用的排水四通阀结构如图 2—5—6 所示。阀的内部有一个橡胶密封套，密封套的底部为阀堵，中间有一根被阀盖压紧的压缩弹簧，压缩弹簧又套在拉杆上。拉杆的上端与受排水旋钮控制的拉带下端连接。

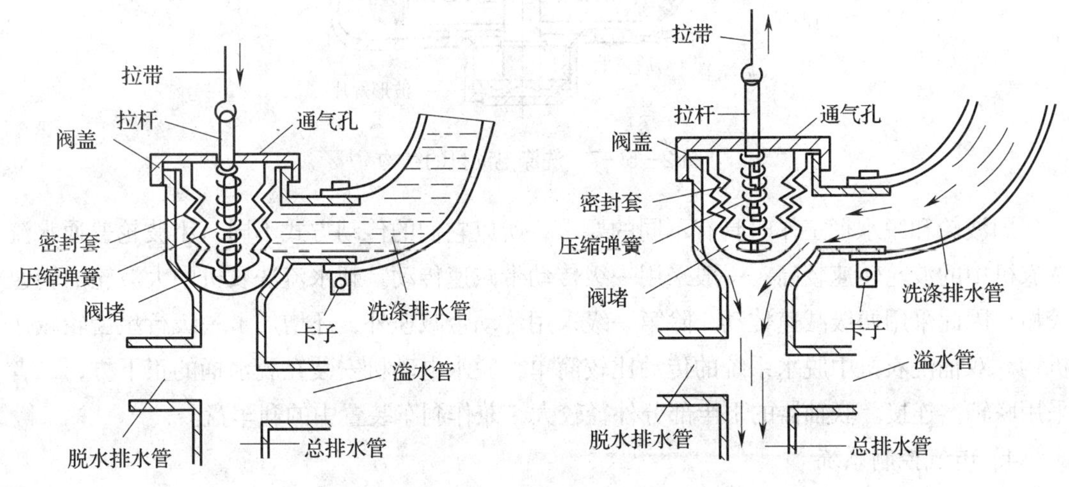

图 2—5—6　排水四通阀

当不需要排水时，可将设置在面板上的排水控制旋钮旋至“不排水”位置，则旋钮放松拉带。在压缩弹簧的作用下，阀堵压紧在阀体上，将排水口堵住。排水时，只要转动旋钮至“排水”位置，旋钮拉紧拉带。由于拉带通过拉杆作用在阀堵上的力大于压簧的压力，所以拉杆带动阀堵脱离阀体，将排水口打开，洗涤桶内的洗涤液即排入总排水管。脱水排水管和溢水管不受橡胶阀堵的控制，直接接入总排水管。

3. 电动机和传动系统

双桶洗衣机的波轮和脱水桶通常由两个电动机分别驱动，大多采用 24 槽四极单相电容运转式电动机，一、二次绕组的线径、匝数等参数完全相同。洗涤电动机的结构如图 2—5—7 所示。

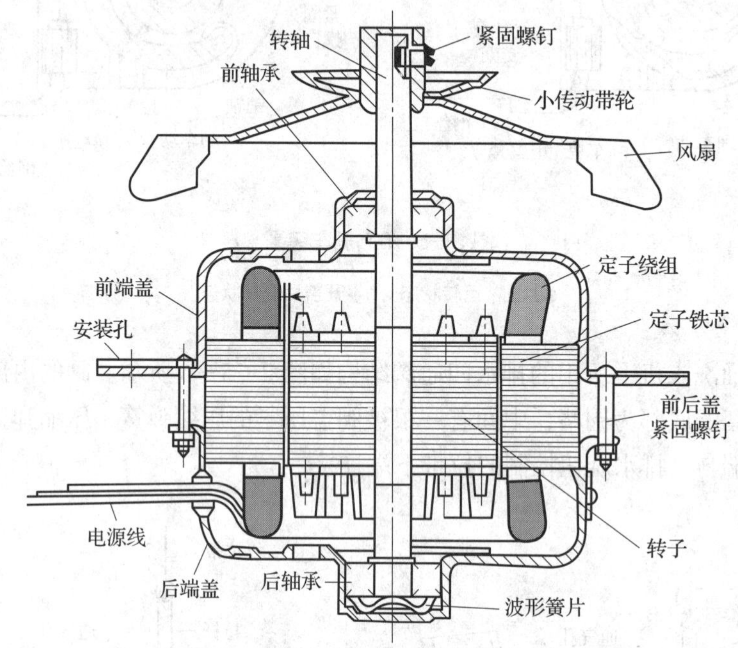

图 2—5—7　洗涤电动机的结构

因波轮和脱水桶工作时具有不同的要求，所以它们的传动方式不同。小波轮普通水流洗衣机中的波轮转速较高，一般采用一级传动带减速传动。新水流洗衣机中大波轮的转速较慢，因此采用两级减速传动。除第一级采用传动带减速外，还增加了一级行星齿轮减速机构。双桶洗衣机中脱水系统的传动比较简单，脱水电动机安装在脱水桶的正下方，二者采用联轴器连接。联轴器的下半部分外径较大，兼作刹车装置中的刹车盘。

4. 电气控制系统

双桶洗衣机的控制系统由琴键开关、盖开关、洗涤定时器、脱水定时器等组成。控制对象是洗涤电动机和脱水电动机。

普通型洗衣机通常由用户操作琴键开关来选择洗涤方式。洗衣机的洗涤方式包括“单向洗”（又称强洗）、“标准洗”（又称中洗）和“轻柔洗”（又称弱洗）三种，三挡互锁式琴键开关的结构如图 2—5—8 所示。

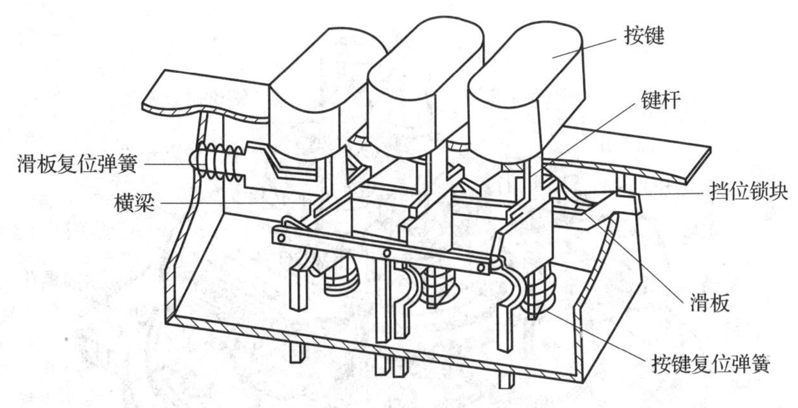

图 2—5—8　三挡互锁式琴键开关的结构

由于脱水桶工作时的转速很高，为防止不慎开盖后伤及人体，双桶洗衣机上都设置了受脱水桶盖控制的安全开关，简称盖开关，其结构如图 2—5—9 所示。盖开关的簧片贴在脱水桶盖的里端，触点与脱水电动机串联。合盖时，脱水桶盖将簧片压紧，使触点闭合。洗衣机处于脱水工作状态时，当桶盖掀起不到 5 cm 时，由于桶盖绕轴转动而放松簧片，使触点断开，从而切断脱水电动机的电源。与此同时，由桶盖控制的刹车装置使脱水桶在短时间内停止转动。合盖后，触点恢复闭合状态。

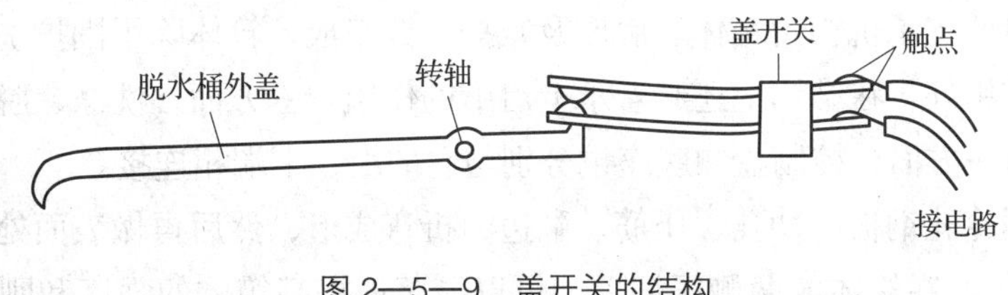

图 2—5—9　盖开关的结构

双桶洗衣机一般采用两个机械发条式定时器，其中洗涤定时器除控制总洗涤时间外，还能自动完成“标准洗”或“轻柔洗”时对洗涤电动机正、反向运转的时序控制。另一个脱水定时器控制脱水的总时间，最长为 5 min。两者采用的都是钟表机构，只是洗涤定时器比脱水定时器多两组（“标准洗”和“轻柔洗”）控制凸轮。下面主要介绍洗涤定时器的结构和工作原理。

洗涤定时器的结构如图 2—5—10 所示。它有三组凸轮触点组。主凸轮触点组控制总的洗涤时间；中洗凸轮触点组和弱洗凸轮触点组分别用于中洗（标准洗）和弱洗（轻柔洗）时的正、反转时序控制。中洗凸轮和弱洗凸轮均固定在三轮轴上。每个簧片的一端固定，另一端则贴在凸轮上，簧片上带有触点。在凸轮慢速转动时，推动三个簧片的相对位置不断发生变化，从而使触点间一会儿闭合，一会儿又断开。每一组（三个）簧片相当于一个单刀三位开关，而“刀”的位置变化则受凸轮的控制。

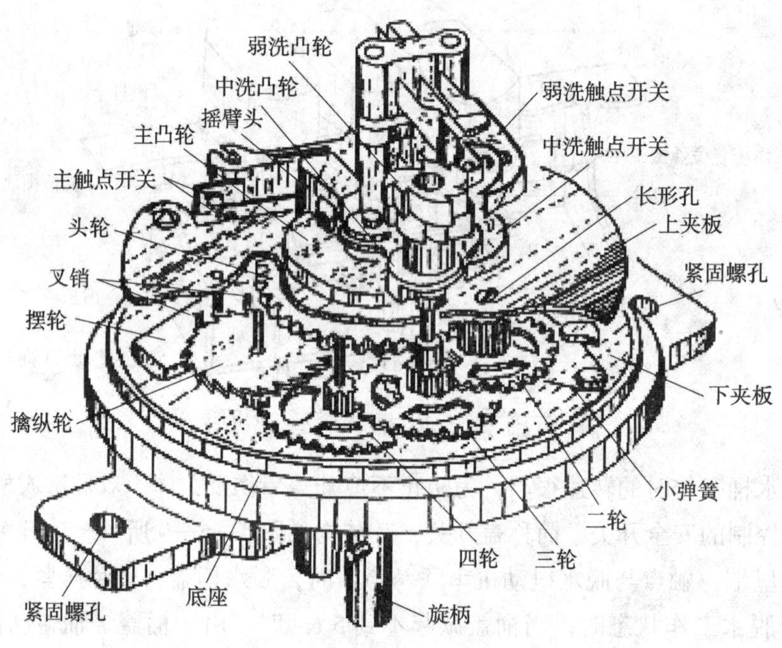

图 2—5—10　洗涤定时器的结构

5. 支承机构

双桶洗衣机的支承机构由箱体、底座及减振装置组成。箱体除了围护洗衣机内部的零部件和起装饰作用外，在结构上还起着承上启下的作用。一方面，洗涤、脱水连体桶安装在它的上面，另一方面，控制盘和底座也分别与它的上、下端相连接。

箱体一般用冷轧钢板经冲孔、压筋、翻边、折弯成形，然后再做表面处理，其结构如图 2—5—11 所示。在箱体的两侧压筋后，可以显著地提高箱体的强度和刚度，也增加了其外形的美观性。部分洗衣机的箱体采用铝合金制作，它们具有更好的耐腐蚀性和更长的使用寿命。箱体的背后都有窗口。维修时，只要旋下后盖板与箱体的紧固螺钉，卸下后盖板，即可拆装或更换内部零件。

底座的作用是安装洗涤电动机和脱水电动机，连接箱体并支承整个洗衣机。双桶洗衣机的底座必须具有较好的强度和刚度，一般采用聚丙烯工程塑料注塑成形。这种底座成本低，工艺简单，有利于降低振动噪声，同时也可增强洗衣机的绝缘性能。有的洗衣机底座下面还装有脚轮，便于移动。

为减小洗涤或脱水时的振动和噪声，洗涤电动机和脱水电动机在底座的安装部位设置了减振装置。洗涤电动机安装时采用的减振装置是减振垫，即在电动机与底座之间垫放橡

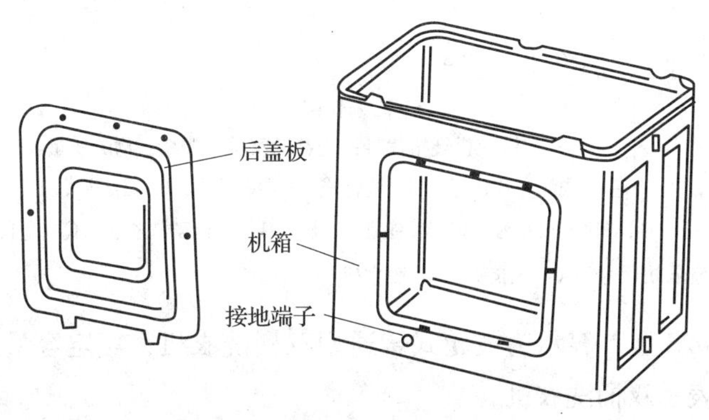

图 2—5—11　箱体的结构

胶垫，用自攻螺钉固定在底座上，如图 2—5—12 所示。安装时如不平稳，可通过移动调整套进行调节。

由于脱水内桶的重心较高，在高速运转时很容易产生振动。因此对减振装置的要求较高。脱水电动机与底座的连接处安装有三根相同的减振弹簧，如图 2—5—13 所示。安装时，必须调整到脱水内桶的轴与水平面垂直。

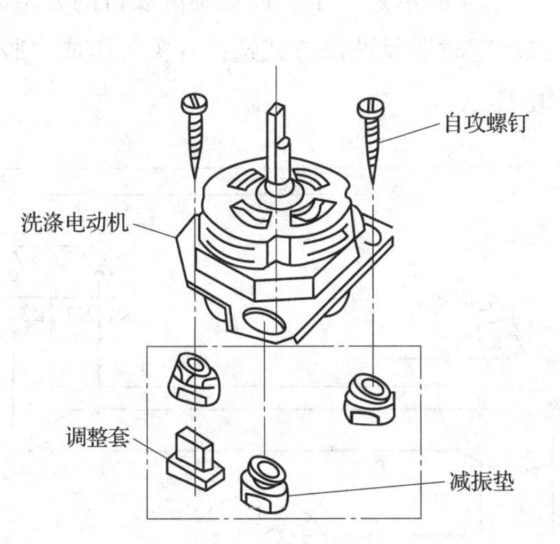

图 2—5—12　洗涤电动机的减振装置

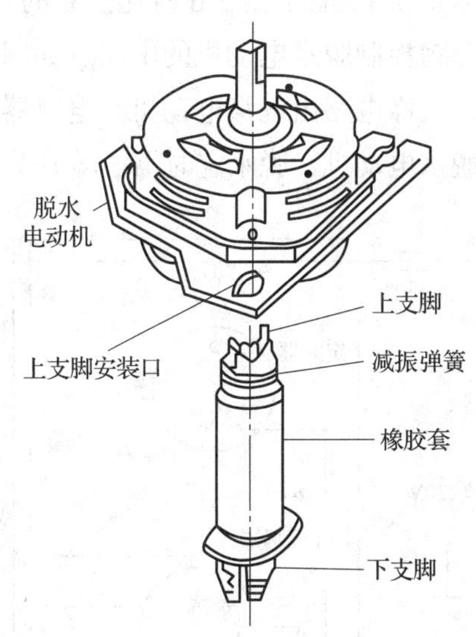

图 2—5—13　脱水电动机的减振装置

洗衣机的型号含义

洗衣机型号由洗衣机代号、自动化程度代号、洗涤方式代号、洗衣机规格代号、厂家设计序号和系列扩展号组成。

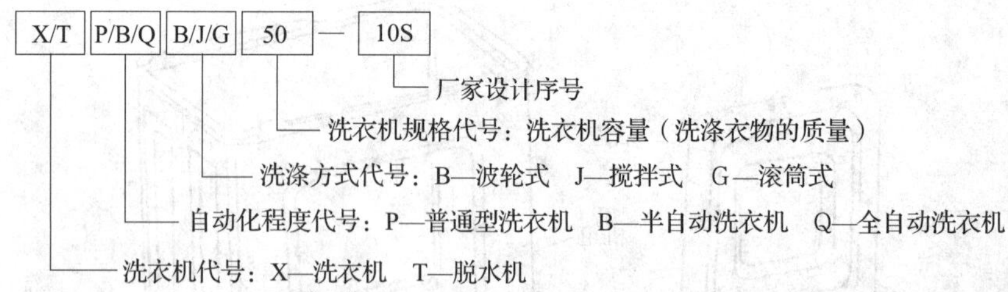

例如，XPB62–2S 型，表示为波轮式普通型双桶洗衣机，额定容量为 6.2 kg，生产厂家第 2 次设计，S 表示双桶洗衣机。

XQG50–156N 型，表示为全自动型滚筒洗衣机，额定容量为 5 kg，生产厂家的 156 次设计。

XQB45–7288K 型，表示为全自动波轮式洗衣机，额定容量为 4.5 kg，生产厂家设计型号为 7288。

二、双桶洗衣机的工作原理

双桶洗衣机的电路由相互独立的两部分组成，一部分为控制洗涤电动机的电路，另一部分为控制脱水电动机的电路。如图 2—5—14 所示是一个普通双桶洗衣机的典型电路。其中，洗涤电路由洗涤电动机、电容器、洗涤定时器及洗涤方式选择开关等组成。脱水电路由脱水电动机、脱水定时器、盖开关等组成。

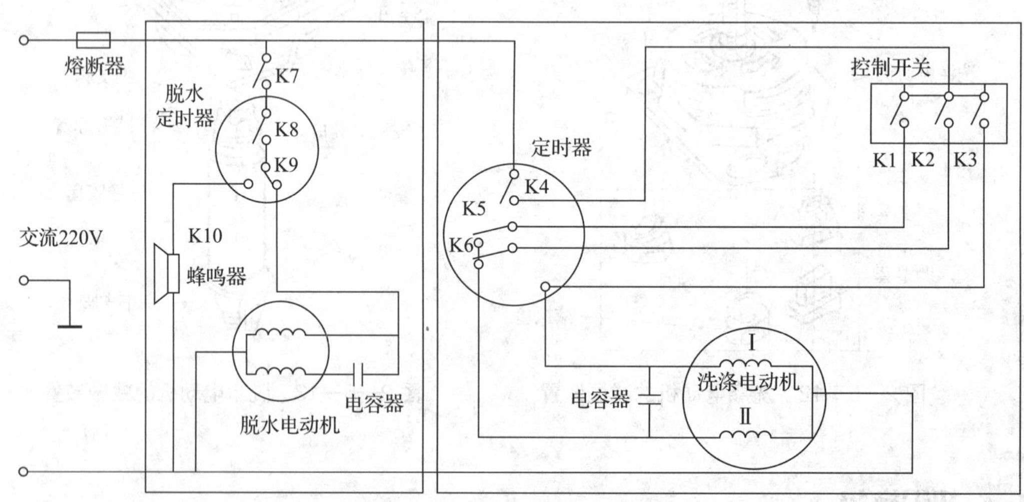

图 2—5—14　双桶洗衣机的典型电路

双桶洗衣机的洗涤部分相关操作对应工作过程见表 2—5—1。

表 2—5—1 双桶洗衣机洗涤部分相关操作对应工作过程

步骤	相关操作	工作过程
1	打开洗涤桶的桶盖放入衣物，放入水和适量的洗涤剂	此时洗涤定时器中的定时开关 K4 处于断开位置，洗涤电动机无法得电工作
2	插上电源，选择合适的洗涤方式（强弱），拧动洗涤定时器，确定洗涤时间	此时洗涤定时器中的定时开关 K4 闭合，洗涤方式开关 K1、K2、K3 中的任何一只闭合，都将有电流流经熔断器、洗涤定时器 K4、洗涤方式开关 K1/K2/K3、换向开关电源 K5/K6 以及洗涤电动机，洗涤电动机旋转，通过传动带和波轮轴带动波轮旋转，洗涤工作开始
3	定时器的定时时间完成	此时洗涤定时器中的定时开关 K4 断开，洗涤电动机无法得电，停止工作

脱水电路中，脱水定时器触点和盖开关触点串联。两者中任意一个触点断开均能使脱水电动机断电。所以脱水时，脱水桶盖必须合上。操作者通过顺时针旋动脱水定时器旋钮来选择脱水时间。只要旋动旋钮，脱水定时器中的触点即闭合。直到定时时间到，触点才断开，电动机断电。

脱水桶采用的是直接驱动的方法，脱水电动机与脱水桶转轴利用联轴器直接相连，二者转速相同，满足了脱水时对高转速的要求。

脱水桶相关操作对应工作过程见表 2—5—2。

表 2—5—2 脱水桶相关操作对应工作过程

步骤	相关操作	工作过程
1	打开脱水桶的桶盖，放入衣物	脱水定时器的定时开关 K8 断开，门保护开关触点 K7 断开
2	插上电源，转动脱水定时器，确定脱水时间，盖上脱水桶的桶盖	脱水定时器中的定时开关 K8 闭合，门保护开关触点 K7 闭合。此时电流流经熔断器、门保护开关触点 K7、脱水定时器定时开关 K8 以及脱水电动机，电动机旋转，衣物脱水工作开始
3	定时器的定时时间完成	门保护开关触点 K7 断开，洗涤电动机无法得电，停止工作

续表

步骤	相关操作	工作过程
4	打开脱水桶盖，将脱水后的衣物取出	门保护开关触点 K7 断开，进一步保证脱水电动机无法得电旋转，保护操作者的安全

知识链接

脱水桶采用的安全防护装置

脱水期间，脱水桶一直在高速旋转，如果操作者在脱水定时器触点还没有断开时，突然打开桶盖拿取衣物，就会伤害操作者。因此，洗衣机设置了脱水桶保护门开关和刹车机构，门开关用于监控脱水桶盖板是否打开，打开脱水桶盖时，门开关断开，切断了脱水电动机的供电电路，电动机失去动力开始减速。掀开脱水桶盖的同时，刹车机构也撤销了对刹车块的拉力，在刹车块复位弹簧的作用下，迅速抱紧联轴器使电动机在短时间内停止转动。

脱水电动机直接置于脱水桶的下方，脱水桶一旦漏水必然会注入电动机内部，为了防止脱水电动机因漏水而烧毁，在双桶洗衣机中采用了多种保护措施。首先脱水外桶装了一个橡胶水封，防止漏水，在橡胶水封的中心孔的上部有防水唇，唇内装有 O 形弹簧，用于抱紧桶轴，防止从桶轴处漏水，在水封底部用密封胶将水封与桶底密封，并用多个卡子固定，防止脱水桶高速旋转时漏水。其次，在脱水电动机上侧装的刹车固定盘和联轴器上的刹车盘也有一定的防水作用。当刹车盘在高速旋转时会将由脱水桶漏下的少量水甩离电动机，防止流入电动机内部而损坏电动机绕组。

任务实施

一、器材准备

万用表、十字旋具、钢丝钳、尖嘴钳、活扳手、双桶洗衣机等。

二、实施过程

活动 1　双桶洗衣机的拆装

1. 电动机的拆装

不管是检查和更换轴承或转子，还是更换定子绕组，都必须将电动机拆开。洗涤电动机有采用滚珠轴承的，也有采用含油轴承的，其立体分解图及拆装步骤见表 2—5—3。

表 2—5—3 洗涤电动机的立体分解图及拆装步骤

<table>
<tr><th>分解图</th><th>拆装步骤</th></tr>
<tr><td>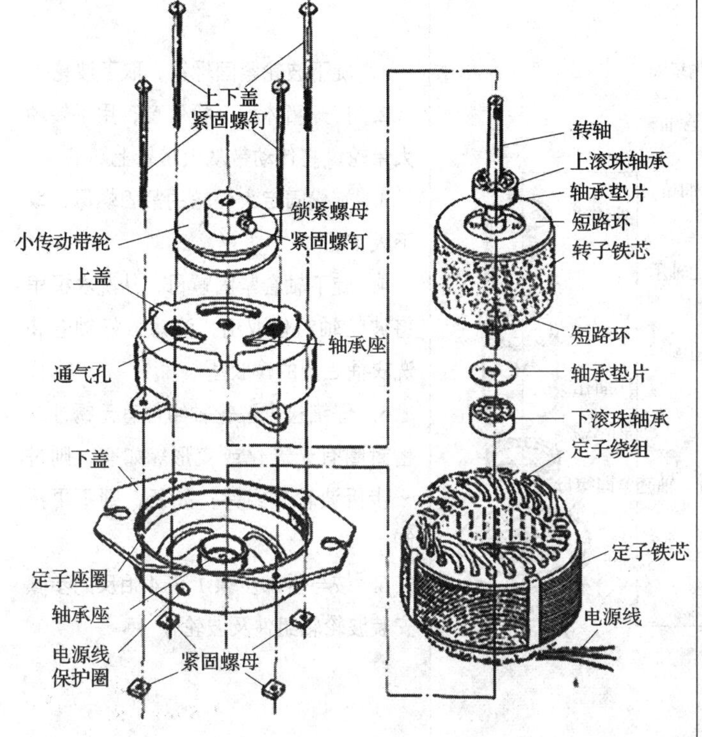
</td><td>1. 旋松小传动带轮上的锁紧螺母和紧固螺钉，取下小传动带轮
2. 旋下四只上下盖紧固螺钉，在上盖、定子铁芯和下盖上记下三者的相对位置，以便于装配时复原
3. 用左手握住电动机转轴的上端，提起后，右手用木锤敲打下盖，使定子铁芯与上盖分离、转子的下滚珠轴承与下盖的轴承座分离
4. 把转子连同上盖翻过来，左手握住电动机转轴的另一端，把电动机转轴和上盖提起，右手用木槌敲打上盖，使转子的上滚珠轴承与上盖的轴承座分离
5. 用左手握住并提起定子铁芯，右手用木锤敲打下盖，使定子铁芯与下盖分离
6. 更换好已损坏的零件后，可按照上述相反的步骤进行装配。在上紧四只紧固螺钉时，采用对角轮换的方式。上紧螺钉的同时，要随时检查转子转动是否灵活，转子与定子铁芯有无碰擦现象等。装配好以后，还要用万用表检查绕组电阻；用兆欧表测量绝缘电阻，合格后方能通电试运转</td></tr>
</table>

2. 波轮轴组件的拆装和检查

波轮轴组件的立体分解图及拆装步骤见表 2—5—4。

表 2—5—4　　　　波轮轴组件的立体分解图及拆装步骤

分解图	拆装步骤
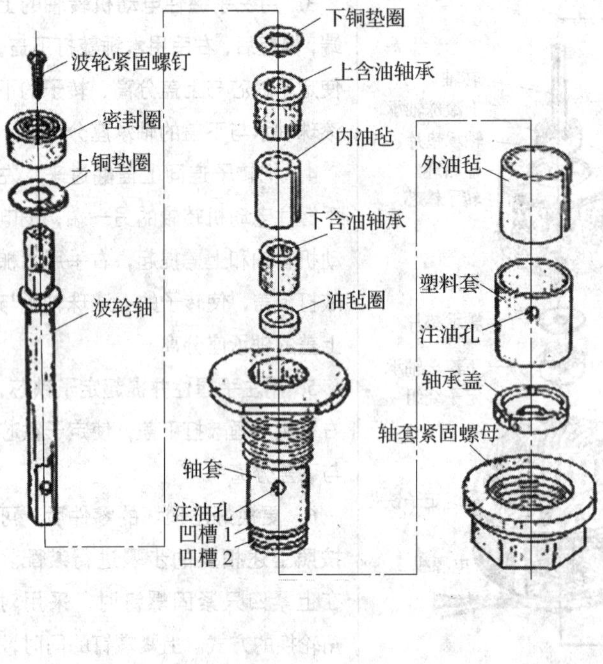	1. 旋下波轮紧固螺钉，取下波轮 2. 打开箱体后面检修窗，用手转动大带轮，将传动带从大带轮上卸下 3. 旋松固定大带轮的紧固螺母，取下大带轮 4. 旋下轴套紧固螺母，从洗衣桶里将波轮轴组件取出，注意放好轴套和洗衣桶之间的橡胶垫 5. 仔细检查波轮轴组件有无锈蚀、密封圈有无老化或变形。如有，则进一步拆波轮轴组件；如无，则不再拆卸 6. 按与拆卸步骤 1 ~ 4 相反的步骤安装波轮轴组件及波轮

3. 排水系统的拆装

普通型双桶洗衣机的排水系统主要是排水四通阀，其立体分解图及拆装步骤见表 2—5—5。

表 2—5—5 排水系统的立体分解图及拆装步骤

分解图	拆装步骤
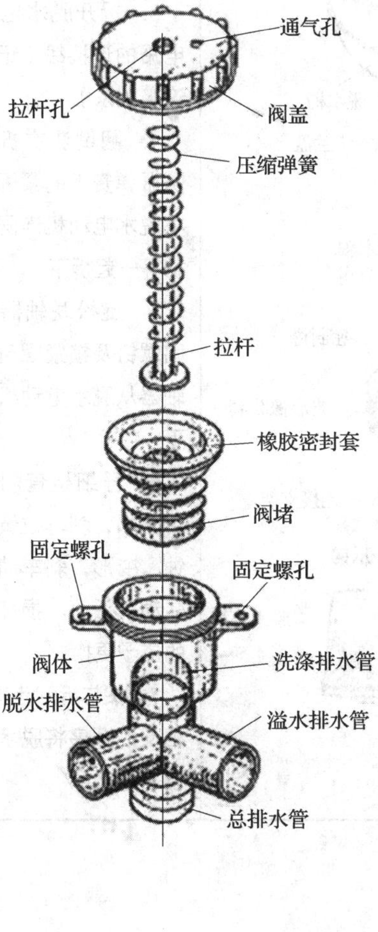	1. 打开箱体后面的检修窗，卸下排水拉带 2. 用手旋开排水四通阀的阀盖，取出压缩弹簧、拉杆和橡胶密封套 3. 仔细检查压缩弹簧是否严重锈蚀、断裂、失去弹性等。如失效，应予更换 4. 仔细检查橡胶密封套有无老化破损、变形等。如有，则应更换 5. 检查阀体、排水管等有无破损。如有，则更换 6. 清除阀体内的杂物 7. 把拉杆插入橡胶密封套内，并固定在阀堵里。然后把压缩弹簧套在拉杆上，再把密封套放入阀体，将阀盖旋紧在阀体上 8. 安装拉带

4. 脱水系统的拆装

普通型双桶洗衣机脱水系统的立体分解图及拆装步骤见表 2—5—6。

表 2—5—6　　脱水系统的立体分解图及拆装步骤

<table>
<tr><th>分解图</th><th>拆装步骤</th></tr>
<tr><td>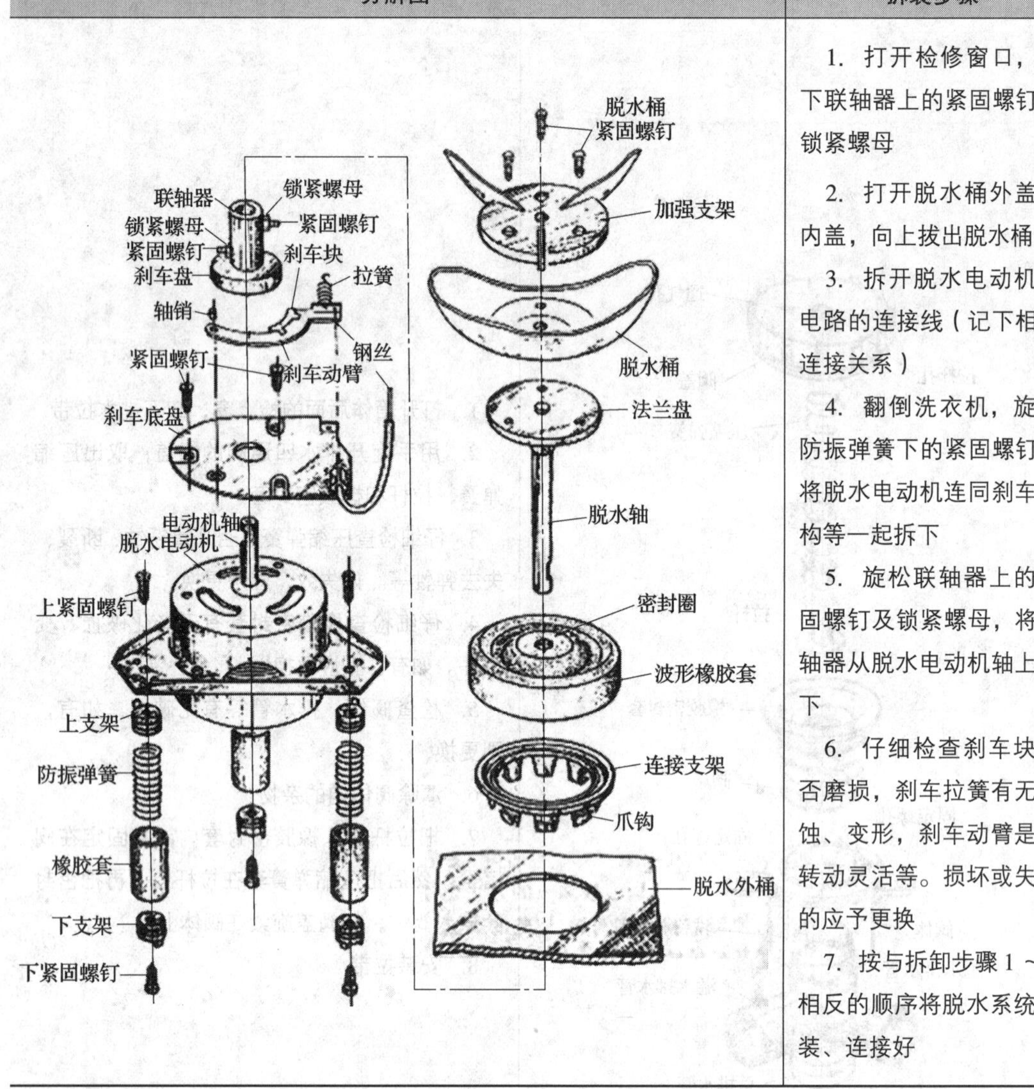
</td><td>1. 打开检修窗口，旋下联轴器上的紧固螺钉及锁紧螺母
2. 打开脱水桶外盖和内盖，向上拔出脱水桶
3. 拆开脱水电动机与电路的连接线（记下相互连接关系）
4. 翻倒洗衣机，旋下防振弹簧下的紧固螺钉，将脱水电动机连同刹车机构等一起拆下
5. 旋松联轴器上的紧固螺钉及锁紧螺母，将联轴器从脱水电动机轴上取下
6. 仔细检查刹车块是否磨损，刹车拉簧有无锈蚀、变形，刹车动臂是否转动灵活等。损坏或失效的应予更换
7. 按与拆卸步骤 1 ~ 5 相反的顺序将脱水系统安装、连接好</td></tr>
</table>

活动 2　双桶洗衣机主要器件的检测

1. 电动机的检测

双桶洗衣机上使用的电动机一般都是电容式电动机。洗涤电动机的两个绕组对称，它们具有相同的电阻。一般每个绕组的电阻为几十欧。脱水电动机中的主绕组线径粗，阻值较小，一般不到 100 Ω；而副绕组线径细，阻值较大，一般超过 100 Ω。不论是洗涤电动机还是脱水电动机，总是有三根引出线。用万用表测量其中任意两根引线之间的电阻都有一定的阻值。如果测量时发现有两根引线间的阻值为∞（万用表指针不动），则可以确定绕组内部已经断路。

检查绕组短路故障可用万用表与感官检查相配合。如通电后可通过手的触觉判断是否温升过高；拆开后用眼睛观察绕组有无绝缘损坏、烧焦的痕迹等。用万用表的 $R \times 1\ \Omega$ 挡或 $R \times 10\ \Omega$ 挡测量电动机引线间的阻值，如为 0 或阻值明显减小，说明该绕组内部已出现短路。为准确判断，可将测量结果与同样规格电动机对应绕组的阻值进行比较，对于洗涤电动机还可比较两绕组的阻值，来确定是否存在短路故障。

如果绕组外部看不出短路点，则短路必发生在绕组内部。为确定究竟是哪个线圈发生短路，可采用测电压法来判定。方法如下：在存在短路故障的绕组两引线上加一个低压直流电源（12 ~ 36 V），然后用万用表分别测量该绕组 4 个线圈上的直流电压，如发现某个线圈上的电压明显小于其他 3 个线圈，则可确定短路点在该线圈上。修理时只要单独更换该线圈即可。为避免损坏绕组绝缘，可分别在被测量点扎上大头针进行测量。当发现短路严重，槽绝缘已损坏时，只能更换整个绕组。洗涤电动机、脱水电动机的具体检测方法见表 2—5—7。

表 2—5—7　　洗涤电动机、脱水电动机的检测方法

部件	实物图	检测方法
洗涤电动机	S R C	1. 用万用表电阻挡测 R、C 引线间（主绕组）的电阻，正常值为 20 ~ 30 Ω；测量 S、C 引线间（副绕组）电阻，正常值为 20 ~ 30 Ω；测 R、S 引线间（主副绕组串联阻值）电阻，正常值为 50 ~ 60 Ω（前两个电阻值之和） 2. 若各绕组间的电阻值明显低于参考值，则说明内部绝缘漆层烧损，绕组线圈匝间短路 3. 各绕组的电阻值若为∞，则说明该绕组已经烧断 4. 若主、副绕组的电阻值之和不等于两者串联的电阻值，说明有绕组间短路现象
脱水电动机	S R C	1. 用万用表电阻挡测 R、C 引线间（主绕组）的电阻，正常值约为 40 Ω；测量 S、C 引线间（副绕组）的电阻，正常值为 80 ~ 90 Ω；测 R、S 引线间（主副绕组串联阻值）电阻，正常值为 120 ~ 130 Ω（前两个电阻值之和） 2. 若各绕组间的电阻值明显低于参考值，则说明内部绝缘漆层烧损，绕组线圈匝间短路 3. 各绕组的电阻值若为∞，则说明电动机绕组已经烧断 4. 若主、副绕组之和不等于两者串联的电阻值，说明有绕组间短路现象

检查电动机外壳是否带电时，可先用万用表的电阻挡（$R\times10\ k\Omega$ 挡）粗测。如绕组引线与外壳间阻值为0，说明绕组已接地。如测得阻值为几百千欧，说明绝缘不良。为准确判断，可用兆欧表做进一步检查。用500 V兆欧表测量电动机绕组与外壳之间的绝缘电阻。以120 r/min的转速匀速摇动手柄，表针所指的读数便是绝缘电阻。当绝缘电阻小于2 MΩ时，表明绕组受潮，需做干燥处理。

2. 定时器的检测

判别定时器的故障是触点损坏还是机械机构损坏的方法很简单，只要顺时针旋转旋钮，如能正常转动，并且在此以后能听到齿轮组运转时发出的均匀声音，则可认定发条及齿轮传动机构均正常，问题在触点部分。否则，便是机械机构损坏。

检查定时器机械机构中故障点的方法也比较简单，只要在打开外壳后，边旋动旋钮，边观察各零件的状态，便可以找到。例如，齿轮的磨损、发条的脱落或断裂等。如各零件均完好，齿轮组不运转，则可能是齿轮轴生锈或齿轮轴变形所致。

触点的正常与否可用万用表的电阻挡来检测。检查脱水定时器或洗涤定时器中控制总洗涤时间的触点时，只需测量其两根引出线之间的电阻值。顺时针旋动旋钮后，触点应闭合，万用表的读数应为0。当旋钮恢复到起始位置后，触点应断开，万用表的指针应指在∞处。如果测量时阻值始终为∞，即指针不动，说明触点不能正常闭合。如果在旋钮恢复到原始位置，定时器中的齿轮组已停止转动后，阻值仍为0，说明触点不能正常分离。如果在齿轮组运转过程中测量出两引线间的阻值不为0，说明触点间有接触电阻存在，此时指针所指的位置就是接触电阻的阻值。为避免误判，测量接触电阻时，应采用$R\times1\ \Omega$挡，而且测试前一定要调零。脱水定时器、洗涤定时器的具体检测方法见表2—5—8。

表2—5—8　**定时器的检测方法**

部件	实物图	检测方法
脱水定时器		1. 旋转定时器转轴，定时器开始工作，用$R\times1\ \Omega$挡测量两引线间电阻值，正常时应为0，定时器停止工作后触点开路，阻值为∞，同时定时器转轴应该缓慢回转，不能松手后立即反弹归零 2. 若两根导线之间不通或一直不能断开，或者定时后立即反弹归零，则说明定时器损坏，只能更换

续表

部件	实物图	检测方法
洗涤定时器		1. 旋转定时器转轴，定时器开始工作，用万用表 $R\times1\ \Omega$ 挡测量左侧的四根线（两长两短）中的任一长和任一短两根线应间歇导通 2. 若在两根导线之间测量的电阻值始终为∞或 0，说明定时器损坏 3. 旋转定时器转轴时，右侧的两根导线应该连续导通，定时器停止工作后处于开路状态 4. 若测得右侧两根导线的电阻值始终为 0 或∞，说明定时器已损坏。同时定时器转轴应该缓慢回转，不能松手后立即反弹归零

3. 电容器的检测

双桶洗衣机中，洗涤电容器的电容量在 10 μF 左右，脱水电容器的电容量为 3～5 μF。电容是否击穿、断路、漏电及容量下降都可用万用表检测后判定。具体检测方法见表 2—5—9。

表 2—5—9　　电容器的检测方法

部件	实物图	检测方法
电容器		1. 先对电容器放电（电容两脚短路），用万用表电阻 $R\times10\ \mathrm{k}\Omega$ 挡测量，测量时指针应先向右快速摆动，然后再向左摆动。若测量时指针无摆动现象，说明电容内部开路 2. 若测量时指针回摆后停于某一固定阻值处不能回到∞处，说明电容内部漏电或短路

检测洗衣机的电容器还可运用交流电充电法。将电容器与一个几十欧的电阻串联后接通 220 V 交流电源 1～2 s，然后断开，用旋具的金属杆将电容器两接线端短路，使其放电。正常时，应有较强的火花产生，并伴有响亮的“啪”声。火花越强烈，表明电容器的容量越大。如无放电火花，则表明电容器已断路。充电时串联的电阻可防止因电容器已击穿而使电源短路，其功率应尽可能大些。运用交流电充电法检测时，应注意安全。除充电时手不能与电容器接触外，断电后、未放电前，手也不能碰触电容器的接线端，以免遭受

电击。

活动 3　双桶洗衣机的故障维修

双桶洗衣机在使用过程中，常见的故障有波轮不转动、波轮只能单方向转动、脱水桶不转动和排水系统故障等。现通过具体实例进行这几类故障的分析与维修。

1. 维修双桶洗衣机波轮不转动的故障

（1）故障现象

接通电源开关，双桶洗衣机波轮不转动。

（2）故障分析

根据故障现象，依据电气原理图，对故障可能产生的原因和所涉及的电路部分进行分析并做出初步判断，确定出现此类故障有机械故障和电路故障两种可能。如果波轮不转动，而电动机有声音，说明电路基本正常；如果波轮不转动而电动机无声音，说明电路不通。

（3）维修方法及步骤

根据故障分析，可采用万用表电阻法和设备拆解观察法来完成对故障可能性的检测与确认，以便选择合理的故障排除措施。该故障的具体维修方法见表 2—5—10。

表 2—5—10　　波轮不转动故障维修方法

步骤	检查内容	维修方法
1	波轮	1. 用旋具拆下波轮紧固螺钉，检查波轮是否被异物缠住或卡住 2. 检查波轮的固定孔是否变形、变大造成波轮打滑
2	传动带、紧固螺钉、轴套或减速器轴承	1. 检查传动带是否磨损或脱落 2. 检查传动带轮紧固螺钉是否松动 3. 用手转动带轮，检查轴套或减速器轴承是否锈蚀卡死
3	电容器	用电容表或万用表检查电容器是否开路、容量下降或漏电，也可以用替代法，取一只正常电容器替换试机，如果工作正常，则说明原电容器失效
4	洗涤电动机	检查洗涤电动机是否出现开路或短路故障。一般洗涤电动机每相绕组的直流电阻为 20 ~ 40 Ω，并且两个绕组的阻值一定相等。如果某一个绕组电阻值为∞，说明该绕组开路。如果两个绕组的阻值不等，说明有匝间短路现象。需要重新绕制电动机绕组或更换电动机

2. 维修双桶洗衣机波轮单向转动故障

（1）故障现象

接通电源开关，洗衣机波轮只能单向转动。

（2）故障分析

由单相异步电动机换向原理可知，波轮能向某一方向旋转，说明电动机与启动电容器基本正常，故障原因可能是电动机需要换向时没有向电动机供电，因此故障可能是洗涤定时器损坏或是与电动机的连线开路。

（3）维修方法及步骤

波轮单向转动故障的维修方法见表2—5—11。

表2—5—11 波轮单向转动故障维修方法

步骤	检查内容	维修方法
1	洗涤电动机连线	打开洗衣机后盖，直观检查洗涤电动机的连线是否脱落、断路
2	洗涤方式选择开关	1. 洗涤方式选择开关是否选择了强洗方式（老式洗衣机有强、中、弱三挡，其中强挡是单向洗） 2. 用万用表检查洗涤方式选择开关的触点，观察当转动选择开关时相应的触点是否能正常切换
3	洗涤定时器	拨动洗涤定时器，观察洗涤定时器内的换向开关是否能进行转换，也可以用万用表电阻挡检查相应导线间的阻值来检测换向开关是否正常。如果损坏，应更换

3. 维修脱水桶不转动故障

脱水功能是洗衣机的重要功能，脱水桶转动方面故障会引起衣物不能脱水或脱水后含水量过大以及噪声增大等问题。

（1）故障现象

合上脱水桶盖板，接通电源并扭动脱水定时器后，脱水桶不转动。

（2）故障分析

结合电路分析可知，出现此类故障有以下几种可能：①脱水电动机烧毁；②脱水电动机的启动电容器的容量变小或失效；③脱水定时器损坏；④门安全开关损坏；⑤连线故障；⑥电动机转轴抱死；⑦刹车机构故障。

（3）维修方法及步骤

1）合上脱水桶盖板，接通电源并扭动脱水定时器后，采用直观检查法，用耳朵听是否有电动机转动的声音或“嗡嗡”的电磁声，来判断电动机是否通电。也可以打开后盖直观地观察脱水电动机是否已转动。

2）如果没有听到电动机转动的声音，也没有听到“嗡嗡”的电磁声，说明电动机损坏或没有加电，需要进一步检查。

①切断电源后，直观检查电动机的连线是否有脱落现象，如有则重新连接并做好绝缘。

②用万用表电阻挡检查脱水电动机的各绕组阻值，判断各绕组是否断路。

③打开洗衣机的控制操作台面板，分别找到脱水定时器和门安全开关。

④扭动脱水定时器，用万用表电阻挡检测其接线端子，应为导通状态，当定时结束时，应该为开路状态，否则要更换定时器。

⑤观察门开关的触点，当脱水桶盖板合住时，触点应该能闭合，当脱水桶盖板打开时，触点应该能断开，否则应对其校正。观察其触点应该光滑，确保有良好的导电能力，否则用细砂纸对其打磨修整，也可以用万用表电阻挡检验触点的导电能力。

⑥电路中如有熔断装置，检查其是否熔断。

⑦检查电源导线是否脱落或开路，对其复原。

3）如果能听到电动机“嗡嗡”的电磁声而电动机不转，说明控制电路已给电动机供电，故障应在电动机或启动电容器，也可能是刹车机构将电动机抱死，需进一步检查。

①切断电源后，用万用表电阻挡检测电动机的各个绕组，其参数不能与正常参数差别过大，而且主绕组、副绕组的电阻之和一定要等于主绕组、副绕组的串联值，否则电动机内部有短路现象，需要重新绕制或更换。

②脱水电动机的启动电容器的容量一般为 4 ~ 6 μF，用万用表电阻挡检查脱水电动机启动电容器的充电过程，判断是否失效，最好是采用替代法更换一只新电容器试机，也可以临时用洗涤电动机的启动电容器替换试机（不可以长期使用，否则会使脱水电动机的工作电流过大）。

③打开、合上脱水桶桶盖时观察刹车机构，应该能分别松脱和抱紧联轴器，否则应该调整刹车钢丝的松紧度，并且检查刹车拉杆是否与脱水桶盖分离。

④在刹车装置松开状态下，转动脱水桶或联轴器观察脱水电动机是否能灵活转动，如果转动不灵，则应拆开电动机检修，更换轴承和润滑油。

4）如果脱水电动机能转动而脱水桶不转动，应检查联轴器处的紧固螺栓是否松动，紧固螺栓是否紧固在转轴的平面上，如有问题应加以调整。

4. 维修双桶洗衣机排水系统故障

双桶洗衣机排水系统故障主要有不排水、排水不畅、排水不止等。

（1）故障现象

拨动排水开关到排水位置，排水管口不见污水流出或流水很小。

（2）故障分析

根据排水系统的结构和工作原理可以推断故障主要原因是排水阀没有打开，排水口堵塞。

（3）维修方法及步骤

维修该故障时应按照先简后繁、先外后里的原则依次检查相应部件，具体方法见表 2—5—12。

表 2—5—12 排水系统故障维修方法

步骤	检查内容	维修方法
1	洗涤方式选择开关	1. 检查洗涤方式选择开关按钮是否选错 2. 检查选择开关旋钮是否损坏
2	洗涤桶排水口	直观检查其排水口处是否有杂物堵塞，直接清除即可。取下波轮，观察洗涤桶排水口处是否有异物，并加以清理
3	脱水桶排水口	取下脱水桶的内盖板，观察脱水桶排水口处是否有异物，并加以清理（常有一些袜子、内衣等小衣物在脱水时被甩入到内桶与外桶之间）。如果洗涤桶及脱水桶都不排水，则检查排水管是否有杂物堵塞。
4	排水拉带、排水阀、溢水管	1. 打开后盖检查排水拉带是否过松、脱落或断裂，并加以调整或更换 2. 打开排水阀，检查阀内是否有异物，并加以清理 3. 观察橡胶阀芯是否老化，如果老化则加以更换 4. 观察阀体内的复位弹簧是否断裂，复位弹簧无弹力，则无法使阀芯紧压到阀体上，就无法密封排水通路 5. 打开洗涤桶的溢水管，观察是否是溢水管管口位置过低引起的排水不止，并加以调整

知识拓展

特殊洗涤容量双桶洗衣机

1. 超大洗涤容量的双桶洗衣机

为了顺应用户洗衣量和洗衣次数的需求，部分洗衣机厂商推出了超大容量双桶洗衣机，这类洗衣机的洗涤容量高达 12 kg，甚至 15 kg，并且其能大幅缩短洗衣时间。

2. 超小洗涤容量的迷你双桶洗衣机

有时洗涤的衣物很少，如果采用普通洗衣机，洗涤桶容量会比较大，费水费电。因此许多厂商推出了迷你双桶洗衣机，常见的迷你双桶洗衣机的洗涤容量仅有 2.0 kg，比大容量洗衣机节省很多水电，而且能洗涤又能脱水。

任务评价

根据任务考核评分表（见表 2—5—13）进行任务评价。

表 2—5—13　　　　　　任务考核评分表

评价项目	评价标准	配分	自我评价	小组评价	教师评价
职业素养	安全意识、责任意识、服从意识强	5			
	积极参加教学活动，按时完成各项学习任务	5			
	团队合作意识强，善于与人交流和沟通	5			
	自觉遵守劳动纪律，尊敬师长，团结同学	5			
	爱护公物，节约材料，工作环境整洁	5			
专业能力	能说出普通双桶洗衣机的结构	10			
	理解普通双桶洗衣机工作原理	10			
	能正确拆装普通双桶洗衣机	15			
	能准确判断洗涤电动机、脱水电动机、电容器、定时器、琴键开关等器件的好坏	15			
	能正确分析普通双桶洗衣机常见故障原因并排除故障	25			
	合计	100			
总评	自我评价 ×20%+ 小组评价 ×20%+ 教师评价 ×60%=__________	综合等级	教师（签名）：		

注：学习任务考核采用自我评价、小组评价和教师评价三种方式，考核分为 A（90~100）、B（80~89）、C（70~79）、D（60~69）、E（0~59）五个等级。

任务 6　美容保健电动器具原理与维修

学习目标

知识目标

了解电吹风、电动剃须刀、电动按摩器的结构和工作原理。

能力目标

1. 能正确拆装电吹风、电动剃须刀、电动按摩器。
2. 能识别电吹风、电动剃须刀、电动按摩器的主要器件并判断其好坏。
3. 能排除电吹风、电动剃须刀、电动按摩器的常见故障。

任务引入

美容保健电动器具与人们的日常生活息息相关，常用的美容保健电动器具有电吹风、电动剃须刀及电动按摩器等。它们的外形分别如图 2—6—1、图 2—6—2 和图 2—6—3 所示。

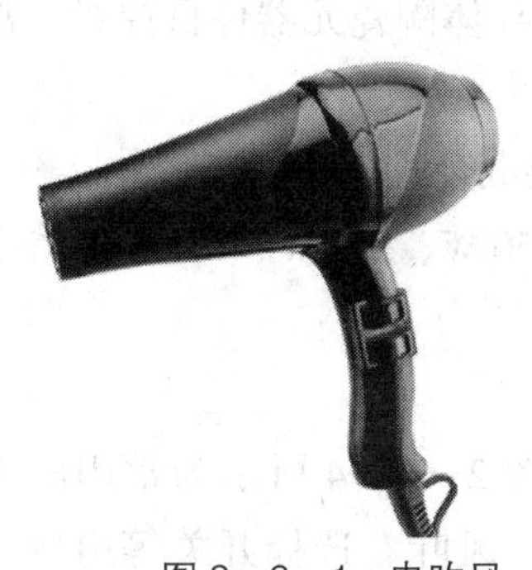

图 2—6—1　电吹风

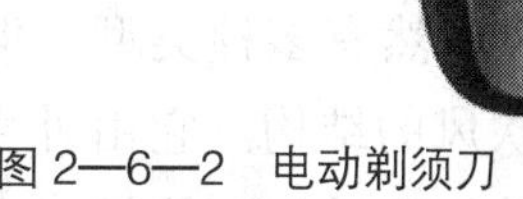

图 2—6—2　电动剃须刀

电吹风主要用于吹干头发与整定发型，也可用于局部烘干与加热，如烘干衣物、餐具等。电动剃须刀是一种可以代替传统手动刮胡刀的小型电动器具，它具有便于携带、使用方便等优点。电动按摩器用电力产生机械振动，可以代替手工对身体各部分进行按摩，它具有省时省力、使用方便等优点。

本任务首先介绍电吹风、电动剃须刀、电动按摩器的类型、结构和工作原理，然后在教师带领下拆装电吹风、电动剃须刀、电动按摩器，熟悉电吹风、电动剃须刀、电动按摩器的结构及主要器件，掌握它们的拆卸、安装方法，了解其工作原理及典型电路。最后运用常用工具，对电吹风的电动机、电热丝、开关，电动剃须刀、电动按摩器的电动机、电磁铁等主要部件进行检测，判断它们的好坏，并从故障现象出发，分析故障原因，掌握排除电吹风、电动剃须刀、电动按摩器常见故障的方法。

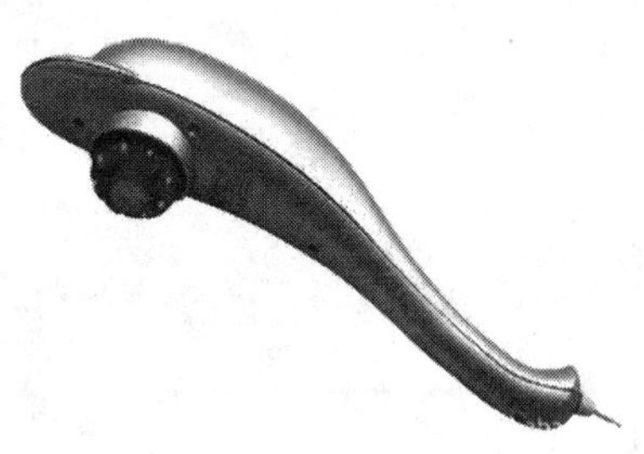

图 2—6—3　电动按摩器

知识准备

一、电吹风

1. 电吹风的类型

电吹风的种类很多，分类方法也不尽相同。

（1）按送风方式不同可分为离心式与轴流式，常用的是离心式。

（2）按使用方式不同可分为手持式、折叠式、支架式与座台式，常用的是手持式。

（3）按电动机类型不同可分为单相交流感应式、交直流两用串激式和直流永磁式。

（4）按发热元器件类型不同可分为电热丝式和PTC半导体陶瓷元器件自控式，常用的是电热丝式。

（5）按壳体材料不同可分为金属式、全塑式和金属塑料混合式。

（6）按功率大小不同可分为150 W、250 W、350 W、450 W、550 W、1 000 W等多种规格。

2. 电吹风的结构

电吹风虽然有多种类型，但其结构都是相似的。如图2—6—4所示为常用的手持离心式电吹风的结构。它由外壳、电热元器件、电动机、风叶、选择开关等组成。通电后，电动机驱动风叶旋转，空气从进风口进入后，经过电热元器件加热，从吹风口送出热风。

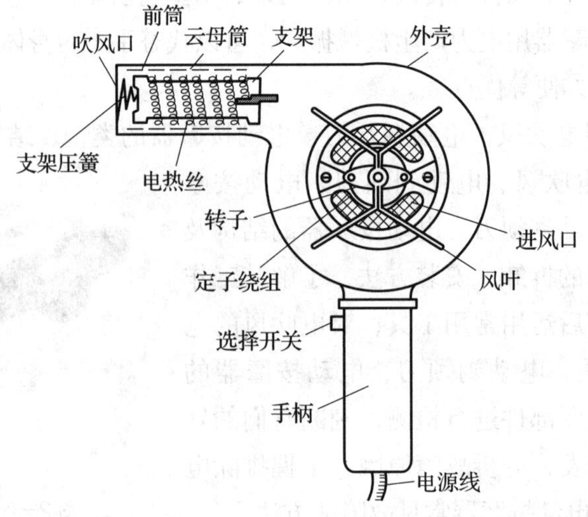

图2—6—4　手持离心式电吹风的结构

（1）外壳

电吹风的外壳通常用工程塑料注塑成形或由金属薄板冲压成形。在外壳的下部安装有手柄。离心式电吹风的进风口在侧面，轴流式电吹风的进风口在后端。

（2）电热元器件

电吹风的电热元器件（电热丝）卷成螺旋状，绕在绝缘支架上。电热元器件位于电吹风的前端。为防止电热丝与外壳相碰，在它们之间填入云母、石棉或玻璃纤维等绝缘耐热材料。

（3）电动机

电动机安装在壳体中，在它的转轴上安装有风叶。离心式电吹风的风叶直径较大，转动时它迫使壳体内的空气做圆周运动。由于惯性，壳体中心区的空气不断向边缘区流动。因中心区气压低，空气从进风口进入壳体。因边缘区气压高，空气沿周围切线方向经电热元器件加热后，从吹风口送出。轴流式电吹风的风叶直径较小，转动时，空气沿轴向平行的方向流动。

（4）开关

电吹风的选择开关安装在手柄上，通常有“停”“自然风”“热风”等几挡。选择“自然风”挡时，只有电动机通电，电热元器件断电，吹风口送出的是自然风；选择“热风”挡时，电动机和电热元器件同时通电，吹风口送出的是热风。

3. 电吹风的工作原理

如图 2—6—5 所示为电吹风工作电路原理图。选择开关 S 置于不同位置时，电动机与电热元器件分别被接通或断开，从而实现吹温热风、停止、吹高热风的功能。

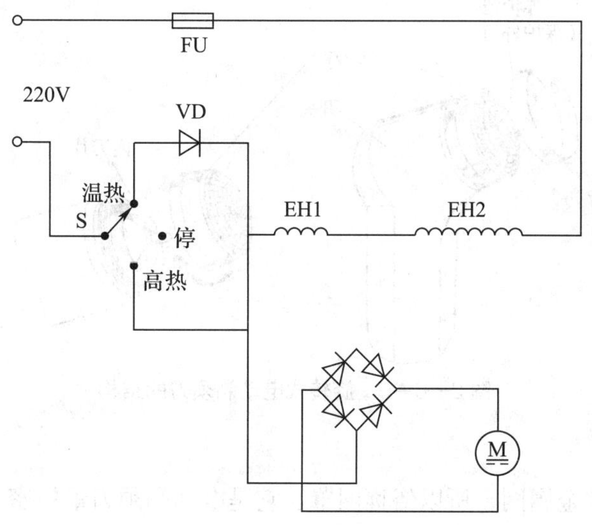

图 2—6—5　电吹风电路原理图

当电吹风开关拨到高热风挡时，220 V 交流电经熔丝和温控器加在发热器 EH1、EH2 两端，变为大约 12 V 的交流电，经二极管整流后加在直流永磁电动机上，电动机旋转吸入自然风，自然风经过 EH2 后，吸收 EH2 发热器的热量经出风口吹出。

当开关拨到温热风挡时，220 V 交流电经二极管 VD 半波整流后得到 110 V 左右电压加在 EH1、EH2 两端，此时 EH1 两端获得约 7 V 的交流电，经二极管整流加在电动机两端。EH2 两端电压只有正常值一半左右，功率也降为一半左右，所以吹出的风比较温热。

二、电动剃须刀

1. 电动剃须刀的类型

电动剃须刀又称电动刮胡刀，是一种可以代替传统刮胡刀的小型电动工具，电动剃须刀有多种类型。

（1）按照刀片的运动方式不同可分为旋转式和往复式。

（2）按照使用的电源不同可分为交流、直流和交直流两用式。

（3）按照功能不同可分为单功能、双功能、多功能（如剃须、理发和按摩等）以及干式、干温两用式等。

（4）按驱动方式不同可分为电动机式和电磁振动式两类。

（5）按外形结构不同可分为立式、卧式、单用式和兼用式等多种。

2. 电动剃须刀的结构

各类电动剃须刀的基本结构类似，主要由外刀片、内刀片、电动机、保护罩、开关及外壳等组成。旋转式和往复式电动剃须刀的结构分别如图 2—6—6 和图 2—6—7 所示。

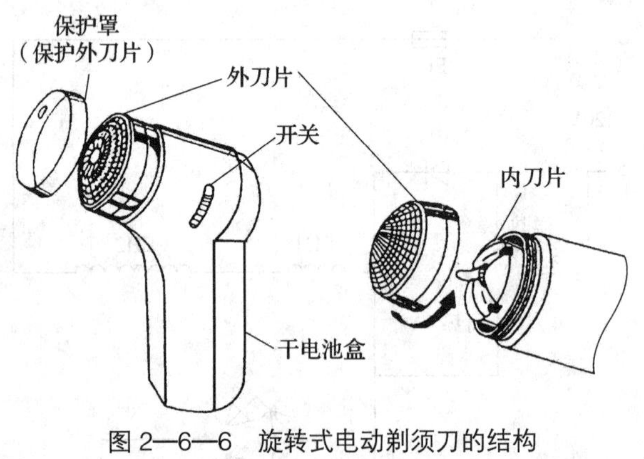

图 2—6—6　旋转式电动剃须刀的结构

（1）外刀片

外刀片的形状像金属网，所以俗称网罩。它是电动剃须刀最精密、最关键的零件，直接影响剃须效果和使用寿命。外刀片由碳钢或不锈钢制成。旋转式电动剃须刀的外刀片为圆形，具有便于制造、成本较低的特点。往复式电动剃须刀的外刀片为槽形，通常采用不

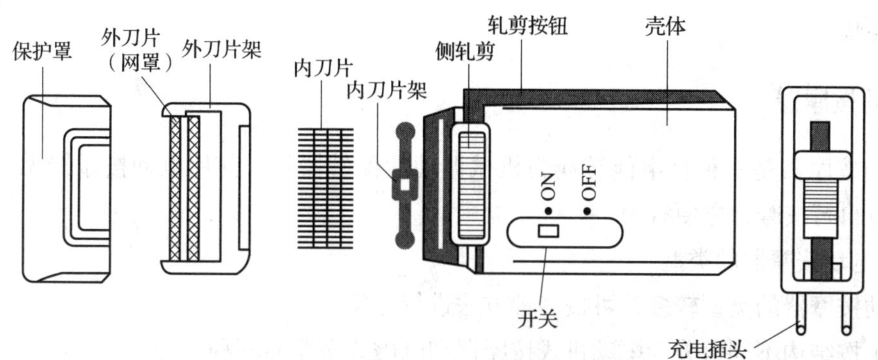

图 2—6—7　往复式电动剃须刀的结构

锈钢制成，表面镀钛，其厚度只有旋转式外刀片的一半，柔韧性好，与内刀片的密合度高，剃须效果好，使用寿命长。

（2）内刀片

内刀片又称动刀片。旋转式电动剃须刀的内刀片架通常装有三片内刀片，也有四片甚至六片的。内刀片架直接由电动机驱动旋转。往复式电动剃须刀的内刀片通常为 32 片左右，它们安装在内刀片支架（又称刀盘）上。内刀片刃口与外刀片保持接触，由电动机通过机械偏心杠杆机构带动内刀片支架进行往复运动。以电磁铁为动力源的往复式电动剃须刀在接通交流电源后，交变磁场交替吸引、释放衔铁，通过与衔铁连接在一起的机械传动机构，带动动刀片支架高速往复运动。

（3）电动机

以电动机为动力源的剃须刀，多使用微型永磁式直流电动机。它的额定电压一般为 1.5 V 或 3 V，常使用一节 1 号电池或两节 5 号电池供电。电动机的转速为 6 000 ~ 8 000 r/min，要求电动机运转平稳，以产生较好的剃须效果。

3. 电动剃须刀的工作原理

电动剃须刀是以剪切动作进行剃须的，对于旋转式电动剃须刀，当接通电源开关后，电动机高速旋转，带动刀架上的内刀片与网罩的刃口做无间隙的相对运动，将伸入到网罩孔内的胡须切断，达到剃须的目的。往复式电动剃须刀的电气原理如图 2—6—8 所示。工作时，将电源开关推至 ON 位置，电动机通电旋转，带动与电动机转轴相连的偏心机构推动刀架上的内刀片与网罩形成无间隙的相对运动，将伸入网罩内的胡须切断。当推上轧剪按钮时，轧剪被推出，可用于修剪长

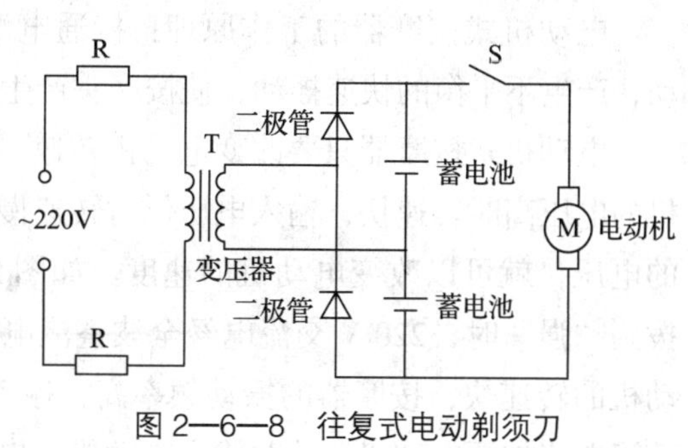

图 2—6—8　往复式电动剃须刀的电气原理

胡须和鬓角。

三、电动按摩器

电动按摩器是一种将电能转换为机械振动的保健器具，使用电动按摩器无须外人帮助，可以自行按摩，方便省力。

1. 电动按摩器的类型

电动按摩器的类型较多，可按多种方法进行分类。

（1）按结构不同可分为电动机式按摩器和电磁式按摩器两种。

（2）按功能不同可分为保健美容按摩器、医疗按摩器及运动按摩器三种。

（3）按强度不同可分为柔和式按摩器、强弱可调式按摩器等。

（4）按使用部位不同可分为背部按摩器、脸部按摩器、手足按摩器与通用按摩器等。

2. 电动按摩器的结构及工作原理

常用的电动按摩器有电动机式和电磁式两种，它们的结构和工作原理有所不同。

（1）电动机式按摩器

电动机式按摩器的结构如图 2—6—9 所示，主要由壳体、电动机、弹簧、弹簧轴、偏心轮、缓冲体、按摩头等构成。一般采用串激式电动机，它是一个交直流两用的电动机，转矩大，转速高，一般为 5 000 ~ 10 000 r/min。

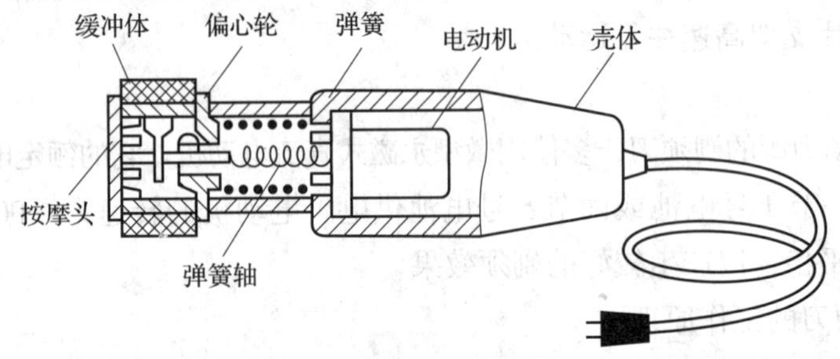

图 2—6—9 电动机式按摩器的结构

电动机式按摩器的工作原理：接通电源后，电动机旋转，通过弹簧轴带动偏心轮转动，产生不平衡的快速摇动，使按摩头产生高频振动，其振动的次数等于电动机的转速。

电动机式按摩器只要改变电动机转速，就可以改变按摩器的按摩力强弱。当输入电动机的电压高时转速快，输入电压低时转速慢，因此在电路中接入控制器，改变输入电动机的电压，就可以改变电动机的速度。如图 2—6—10 所示，当电源开关 S1 闭合，开关 S2 拨到“强”时，220 V 交流电经全波整流电路加至电动机，此时输入电动机的电压高，电动机的转速快，按摩器的振动频率高，振动强度强；当把 S2 拨至“弱”时，电源经半波整流电路加至电动机，此时输入电动机的电压低，因而电动机转速慢，按摩强度弱。点画线框中的电路可以抑制电动机运转时产生的电磁干扰。

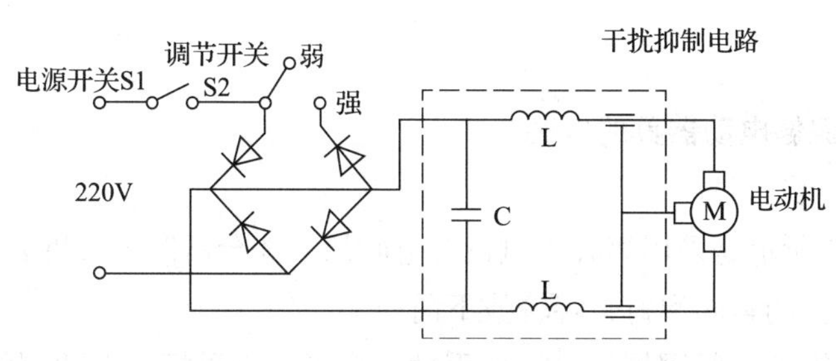

图 2—6—10　电动机式按摩器原理图

（2）电磁式按摩器

电磁式按摩器的动力源为电磁铁，其结构如图 2—6—11 所示。它主要由壳体、开关、弹簧片、可动铁芯、固定铁芯、线圈及按摩头等组成，可动铁芯与线圈构成电磁铁。电磁铁线圈中通入 50 Hz 正弦交流电后，产生交变电磁力。磁力强时，可动铁芯被吸引；磁力弱时，可动铁芯在弹簧片作用下复位，由它带动按摩头做周期性振动。且振动频率为 100 Hz。为防止可动铁芯与固定铁芯直接碰撞，在固定铁芯上套有橡胶垫。可动铁芯与固定铁芯的间距应恰当，一般为 3～5 mm，弹簧片的弹性应适度。

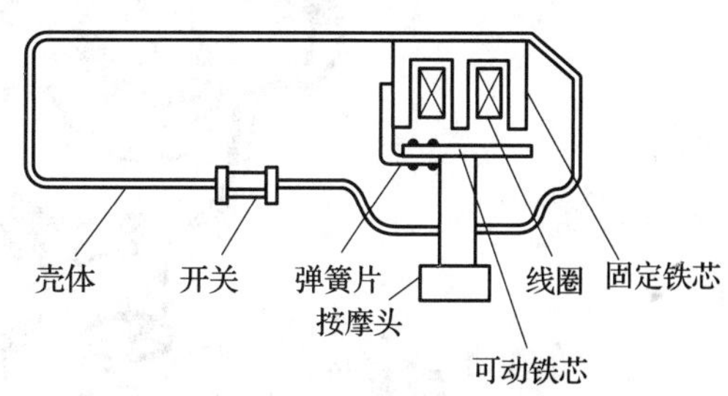

图 2—6—11　电磁式按摩器的结构

电磁式按摩器调节按摩强弱的方法通常有两种：一是通过改变电磁铁线圈的匝数来调节磁力的强弱；二是将电源通过二极管半波整流后通入电磁铁线圈，使产生的磁力减小。这两种方式的调节电路如图 2—6—12 所示。

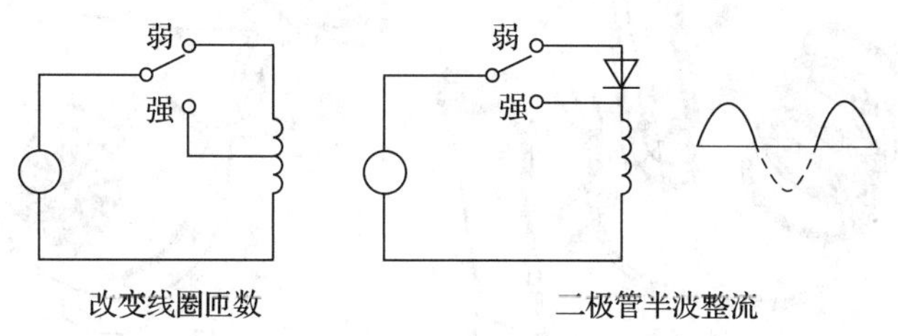

图 2—6—12　电磁式按摩器的调节电路

任务实施

一、器材准备

万用表、兆欧表、十字旋具、尖嘴钳、电吹风、电动剃须刀、电动按摩器等。

二、实施过程

活动 1　美容保健电动器具的拆装

1. 电吹风的拆装

如图 2—6—13 所示是采用离心式风机的电吹风立体分解图。其拆装步骤如下：

（1）旋下外壳上的紧固螺钉，轻轻拔下前筒。

（2）旋下连接圈上的紧固螺钉，拔出手柄。旋下固定手柄左右两侧的紧固螺钉，取下手柄左侧。认真记下各器件连接情况。

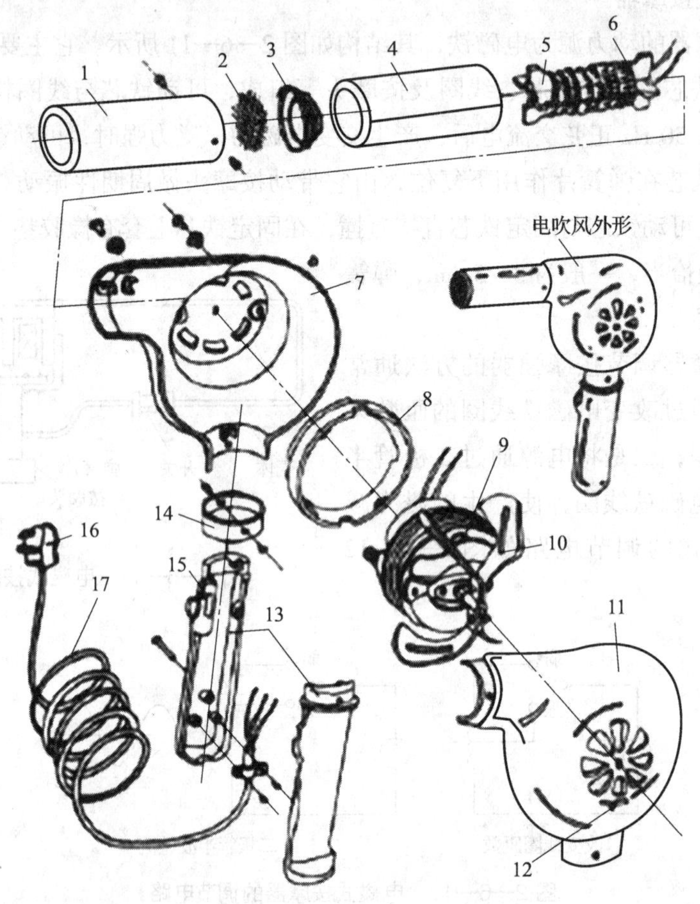

图 2—6—13　电吹风立体分解图

1—前筒　2—隔网　3—支架弹簧　4—云母筒　5—支架　6—电热丝　7—外壳　8—电动机座　9—电动机　10—风扇叶　11—外壳　12—挡风板调节柄　13—手柄　14—连接圈　15—选择开关　16—电源插头　17—电源线

（3）用电烙铁熔融电源引出线焊点，取下电源线。熔融选择开关上的焊点，取下选择开关。

（4）旋下电动机紧固螺钉，取下电动机及电热丝支架。

（5）按相反的顺序将电吹风安装好。

2. 电动剃须刀的拆装

（1）取下保护外罩，旋下网罩（外刀片）。

（2）拔下内刀片。

（3）卸下上盖固定螺钉，取下上盖。

（4）旋下底盖，取出干电池。

（5）取出电动机。

（6）按相反的顺序将电动剃须刀安装好。

3. 电动按摩器的拆装

（1）用一字旋具轻轻推固定卡，分开外壳。

（2）拆下电源线。

（3）分开按摩头、弹簧轴、偏心轮的连接口。

（4）取下按摩头、偏心轮、电动机。

（5）取下缓冲体。

（6）按相反的顺序将电动按摩器安装好。

活动 2　美容保健电动器具主要器件的检测

1. 电吹风的检测

（1）电动机及风扇的检测

家用电吹风上用得较多的是直流永磁式电动机，由它来驱动轴流式风扇。拆开后，可以先检查风叶有无变形或损坏，然后用手拨动风叶，观察风叶能否灵活转动。如风叶变形或损坏，则应更换。如转动不灵活，应查明是风叶的原因还是电动机的原因并做出相应处理。

用万用表电阻挡检测直流永磁式电动机的两个接线端，测量电枢绕组的电阻值，正常应为十几欧。如电阻为∞，可能是电枢绕组断路或电刷损坏；如电阻为0，表明电枢绕组短路。如判断为电动机损坏，一般应进行更换处理。

（2）电热丝的检测

电吹风上螺旋状的电热丝绕在绝缘支架上。为调节加热功率，有的电吹风上设有两组电热丝。电吹风被拆开后，可直观检查电热丝有无断裂、脱落现象，相邻的电热丝间有无碰擦等现象。如电热丝未断而仅是从支架上脱落，可小心将其复位。如相邻的电热丝间有碰擦，应将它们分开。

用万用表电阻挡检测电热丝的引出端，正常时，每组电热丝的电阻为几十至几百欧。如电阻为∞，表明电热丝已断路。如电阻很小，应仔细检查电热丝是否存在短路现象。如电热丝已断路，可更换同一规格的电热丝。如短路是由于相邻电热丝间碰擦造成的，只要将它们分开后故障便可排除。

（3）开关的检测

电吹风上的开关一般设置在手柄上。由于加热时的电流较大，只要开关中的触点存在接触不良现象，大电流流过接触电阻，开关便会发热，最终导致开关损坏。

电吹风拆开后，可直观检查开关是否存在变形、熔化的痕迹。如有，则应更换。

用万用表电阻挡检测开关的接线端，闭合时，电阻应为0（用 $R\times1\ \Omega$ 挡检测）；断开时，电阻应为∞。若与此不符，则表明开关已损坏，应进行更换。

（4）组装后的检测

对于未拆卸或已组装好的电吹风，可用万用表检查它的功能是否正常。把选择开关拨到冷风挡，用万用表电阻挡测电源插头，此时测得的应为电动机绕组的电阻。把选择开关拨到热风挡，用万用表电阻挡测电源插头，此时测得的是电动机绕组与电热丝并联后的电阻，其阻值应明显小于前者。而且选择开关转换为不同的挡位，测得的结果应有明显差别。

如外壳为金属材料，还应测量电吹风的绝缘电阻。即用500 V兆欧表测带电部分与金属外壳之间的绝缘电阻，正常值应在2 MΩ 以上。

将检测数据填入表2—6—1中。

表2—6—1　测量结果

电吹风功率 /W	拆开后单独测量		组装好后测量	
	电动机绕组电阻 /Ω	电热丝电阻 /Ω	冷风挡电阻 /Ω	热风挡电阻 /Ω

2. 电动剃须刀的检测

旋转式电动剃须刀一般都采用直流永磁式电动机。拆开后，可先检查电动机转轴，正常情况应能很灵活地转动。如转动不灵活，说明电动机已损坏，应予更换。

用万用表电阻挡检测直流永磁式电动机的两个接线端，测量电动机电枢绕组的电阻值，正常应为几欧以上。如电阻为∞，可能是电枢绕组断路或电刷损坏；如电阻为0，表明电枢绕组短路。如判断电动机已损坏，应予更换。

3. 电动按摩器的检测

电动机式按摩器通常采用交直流两用串励电动机，电磁式按摩器的核心为电磁铁。首先应检查其外观，如外壳是否完好无损，开关动作是否灵活，电源线及插头是否完好等。拆开后，可观察电动机转动是否灵活，电磁铁动铁芯的运动是否受阻，内部连接导线是否完好，各器件位置是否正常，有无烧蚀的痕迹等。发现有不正常的情况，应先做相应处理。

对于采用串励电动机的按摩器，可用万用表检测电动机励磁绕组和电枢绕组的电阻。正常时应在几十欧以上，且功率越大，电阻越小。如测得结果为∞，说明存在断路故障；如为0，则有短路现象。如果检测结果证明电动机确有故障，一般应予更换。如使用交流电源且外壳是金属的，还要用 500 V 兆欧表测量按摩器的绝缘电阻，正常应大于 2 MΩ。

对于采用电磁铁的按摩器，可用万用表检测电磁铁线圈的电阻。正常时应有一定的电阻值，且功率越大，电阻越小。如测得电阻为∞，说明存在断路故障；如电阻为 0，则有短路现象。如果检测结果证明电磁铁有故障，应予更换。

活动 3　美容保健电动器具常见故障及维修

电吹风、电动剃须刀和电动按摩器的常见故障的故障原因及维修方法分别见表 2—6—2、表 2—6—3、表 2—6—4。

表 2—6—2　　电吹风常见故障的故障原因及维修方法

故障现象	故障原因	维修方法
不转动	1. 电源线脱焊断路 2. 电源开关接触不良或损坏 3. 电动机线圈烧坏 4. 整流二极管 VD1 ~ VD4 有损坏	1. 焊牢即可 2. 修理或更换电源开关 3. 修理或更换电动机绕组 4. 更换故障二极管
无热风吹出	1. 电热元器件烧坏 2. 电热元器件两端接头引线断裂、脱焊或接触不良 3. 电源开关接触不良	1. 更换电热元器件 2. 将引线断裂、脱焊或接触不良处重新连接好，并将紧固螺钉拧紧 3. 修理或更换电源开关
噪声大，振动大	1. 轴承缺油或严重磨损 2. 转子与定子相擦或风叶碰壳 3. 电动机内换向器（串激式）或转子脏污严重	1. 适量注入润滑油或更换轴承 2. 适当调整相应元器件位置，消除摩擦和碰壳现象 3. 清洗电动机内换向器或转子上的污垢

表 2—6—3　　电动剃须刀常见故障的故障原因及维修方法

故障现象	故障原因	维修方法
通电后不工作	1. 电源开关接触不良或损坏 2. 电池电力不足 3. 电池盒弹簧锈蚀，引起接触不良 4. 电刷与换向器接触不良 5. 振动装置的螺钉松动，变位卡死 6. 电动机损坏	1. 修理或更换电源开关 2. 更换电池或重新充电 3. 修理或更换弹簧 4. 修理换向器或更换电刷 5. 拆开机盖，调整复原后重新上紧螺钉 6. 修理或更换电动机

续表

故障现象	故障原因	维修方法
强弱调节失灵	1. 电池电力不足 2. 刀片或网罩变形 3. 电动机轴承磨损或缺油 4. 刀片口太钝 5. 刀架片和网罩内粘杂物较多	1. 更换电池或重新充电 2. 更换刀片或网罩 3. 更换轴承或加润滑油 4. 更换新刀片 5. 用酒精清洗刀架片和网罩
使用时响声异常	1. 轴承磨损或润滑不良 2. 刀片或网罩变形 3. 电刷严重磨损 4. 转轴弯曲变形	1. 修理或更换轴承，加注润滑油 2. 修磨或更换刀片 3. 修复或更换电刷 4. 校正转轴或更换

表 2—6—4　　电动按摩器常见故障的故障原因及维修方法

故障现象	故障原因	维修方法
不工作（不振动）	1. 电源插头与插座接触不良 2. 电源开关接触不良或损坏 3. 电气线路有断路、脱焊等 4. 电磁式按摩器的电磁线圈、电动机式按摩器的电动机绕组断路或者短路 5. 机械部分卡死	1. 重新插好插头 2. 修理或更换电源开关 3. 检查故障点，重新连接好、焊好 4. 修理或更换铁电磁线圈、电动机绕组 5. 适当调整，使机械部分运转灵活
强弱调节失灵	1. 强弱调节开关接触不良或损坏 2. 强弱调节电路中的二极管损坏	1. 修理或更换强弱调节开关 2. 更换二极管
使用时响声异常	1. 电磁式按摩器的铁芯上橡胶缓冲垫脱落或损坏，运转部位缺润滑油 2. 电动机式按摩器的运转部位缺润滑油或电动机的电枢与定子相互碰撞 3. 按摩器中的紧固件松动	1. 重新装上或换新橡胶缓冲垫，适当加注润滑油 2. 适当加注润滑油或重新安装调整，清除碰撞 3. 仔细检查，紧固各个紧固件

任务评价

根据任务考核评分表（见表 2—6—5）进行任务评价。

表 2—6—5 任务考核评分表

评价项目	评价标准	配分	自我评价	小组评价	教师评价
职业素养	安全意识、责任意识、服从意识强	5			
	积极参加教学活动，按时完成各项学习任务	5			
	团队合作意识强，善于与人交流和沟通	5			
	自觉遵守劳动纪律，尊敬师长，团结同学	5			
	爱护公物，节约材料，工作环境整洁	5			
专业能力	能说出电吹风、电动剃须刀、电动按摩器的结构	10			
	理解电吹风、电动剃须刀、电动按摩器的工作原理	10			
	能正确拆装电吹风、电动剃须刀、电动按摩器	15			
	能准确判断电吹风电动机、电热丝、开关，电动剃须刀和电动按摩器的电动机、电磁铁等器件的好坏	15			
	能正确分析电吹风、电动剃须刀、电动按摩器常见故障原因并排除故障	25			
合计		100			
总评	自我评价 × 20% + 小组评价 × 20% + 教师评价 × 60%=__________	综合等级	教师（签名）：		

注：学习任务考核采用自我评价、小组评价和教师评价三种方式，考核分为 A（90~100）、B（80~89）、C（70~79）、D（60~69）、E（0~59）五个等级。